# Le Guide Managérial du Breakthrough Project Management

Des projets d'investissements lourds et de construction; achevés à l'heure en moins de temps; dans le budget à moindre coût; et sans compromis.

Par Ian Heptinstall et Robert Bolton

Traduction française par Joël-Henry Grossard

Denehurst Publishing
Northwich, UK
2017

www.BreakthroughProjectManagement.com

Copyright © Ian Heptinstall & Robert Bolton - 2016

Tous droits réservés. Ni ce livre, ni aucune partie de celui-ci, ne peuvent être reproduits ou utilisés sans l'autorisation écrite de l'éditeur, à l'exception de l'utilisation de citations brèves, entièrement attribuées aux auteurs dans le cadre d'une revue du livre.

Première Edition 2016
Version française 2017

Éditeur Denehurst Publishing,

Denehurst Consulting Limited
Northwich, CW8 2XH
United Kingdom

ISBN: 978-0-9954876-4-2 (edition papier)
ISBN: 978-0-9954876-5-9 (livre électronique)

E: contact@BreakthroughProjectManagement.com
W: www.BreakthroughProjectManagement.com

# Table des matières

| | |
|---|---|
| Préface | 1 |
| Introduction | 7 |
| La nécessité de changer | 15 |
| Gérer les projets à l'aide du CCPM | 29 |
| Contrats collaboratifs et Alliances Projet | 61 |
| Autres méthodes de gestion de projets | 107 |
| Mise en oeuvre | 119 |
| Note de fin | 139 |
| Bibliographie & Références | 141 |
| Les auteurs | 147 |

# Préface

Dans ce livre, nous recommandons que des changements soient apportés à la façon dont les projets de construction et d'investissements lourds sont planifiés et gérés.

Ce n'est pas un changement pour le changement.

Que vous soyez un client avec un projet ou un membre de la supply chain[1] du projet, les techniques que vous allez apprendre dans ce livre offriront des améliorations significatives et durables de la rentabilité de votre entreprise.

Les méthodes qui sous-tendent les changements que nous proposons sont bien établies, ayant été développées dans les années 1990. Bien qu'elles aient fait leurs preuves, elles ne sont pas encore devenues «dominantes» dans la profession de gestionnaire de projet. Non parce qu'elles

---

[1] NDT : l'expression anglo-saxonne étant entrée dans le langage courant en français, nous la préfèrerons à sa traduction *chaîne d'approvisionnement*.

## Préface

ne fonctionnent pas, mais parce que changer les habitudes et les pratiques établies prend du temps et rencontre de la résistance.

La plupart des projets utilisent les mêmes méthodes bien établies pour la passation de marchés, la planification et la gestion, sans se rendre compte qu'il existe de meilleures alternatives.

Ayant utilisé les nouvelles méthodes que nous préconisons nous-mêmes, nous sommes perplexes sur la raison pour laquelle elles ne sont pas plus largement utilisés pour les projets d'investissement et de construction. Nous avons vu les améliorations importantes qu'elles peuvent apporter. Nous ne parlons pas de petits changements, nous parlons de projets réalisés en moins de 30% de temps et avec au moins 15% de diminution des coûts.

Dans le cadre de nos recherches pour ce livre, nous avons discuté avec des gestionnaires de projet qui connaissaient ces méthodes, et des raisons pour lesquelles leur application était si limitée. Il y avait un thème commun dans ce qu'ils nous ont dit:

- «ils ne nous laisseront pas faire»,
- «ils insistent pour que nous le fassions de cette façon»,
- «ils donnent au gestionnaire de projet l'autonomie nécessaire pour gérer selon ce qu'ils veulent»,
- «ils viennent de dépenser une fortune sur un nouveau système informatique/de formation/de qualification/avec des consultants et ils veulent en rester là pour l'instant».

## Preface

Le doigt est pointé vers «eux», les dirigeants des organisations qui commandent des projets, les entreprises générales[2], et même les investisseurs et les fournisseurs de capitaux.

Nous ne croyons pas que ces hauts responsables freinent délibérément leurs organisations, ni que les clients ayant un projet à réaliser veulent dépenser plus d'argent pour ce projet ou pour le terminer beaucoup plus tard, avec un résultat de moindre qualité.

Nous avons donc écrit ce livre. Nous voulons aborder le problème du «je ne savais pas».

La nécessité de le faire devient de plus en plus importante. Les populations qui augmentent ont besoin de plus d'infrastructures, mais en même temps, il y a une pression sur les budgets et un besoin d'obtenir «plus avec moins». Alors que le monde des affaires devient de plus en plus volatil et que des changements dramatiques semblent se produire du jour au lendemain, les jours des investissements à long terme semblent comptés -- les investisseurs exigent des cycles d'investissement plus courts et des niveaux d'investissement plus bas.

Bien que l'industrie de la construction ait lutté pendant plus de 40 ans pour améliorer sa productivité, nous croyons que ceux qui adoptent avec succès les méthodes que nous

---

[2] NDT : j'ai retenu le terme « entreprise générale » pour traduire « main contractor », l'entrepreneur principal. Ce terme est usuel dans la construction. Quand cela sera nécessaire à la bonne compréhension du texte, j'utiliserai une autre formulation.

# Préface

décrivons dans ce livre remarqueront une amélioration immédiate et substantielle de la productivité des projets.

Il n'y a rien dans ce livre qui dépasse les capacités de la plupart des organisations ... si elles sont prêtes à changer leurs pratiques et habitudes actuelles. Les techniques que vous allez apprendre peuvent être utilisées dans un large éventail de types et de tailles de projets, qu'ils valent moins de 1 million de livres sterling ou plus de 1 milliard de livres sterling.

Toutefois, changer les habitudes enracinées n'est pas une chose facile à faire, et sans le soutien actif des top managers, le changement est peu susceptible de durer.

Un leadership de haut niveau est essentiel pour apporter les changements que nous recommandons.

Et quel meilleur moment pour faire cela que maintenant? Le monde crie aux innovateurs et aux dirigeants de s'appuyer sur les leçons apprises par les générations précédentes et de graver leur empreinte sur une industrie qui a lutté pour trouver un moyen reproductible d'améliorer sa performance.

Nous espérons que vous trouverez ce livre intéressant, stimulant, et surtout, qu'il vous encourage à « prendre votre élan ».

Ian Heptinstall                                   Robert Bolton

contact@BreakthroughProjectManagement.com

# Preface

**Note des auteurs :**

*Tout au long de ce livre, nous utiliserons souvent le terme «entrepreneur» pour désigner les organisations externes qui ont le plus grand impact sur le succès d'un projet. C'est une définition plus large que l'usage le plus courant.*

*Cela inclut les architectes, les concepteurs et les bureaux d'études, les entreprises générales, les sous-traitants spécialisés, les fabricants d'équipements importants, les grossistes ou les distributeurs, et peut-être même un consultant en gestion de projet.*

# Introduction

En 1965, le sauteur en hauteur américain Dick Fosbury a présenté au monde une nouvelle façon de sauter. Bien que cela ait semblé fou - sauter la tête d'abord, avec le dos sur la barre - il avait la science pour lui.

Même lorsque le succès de la technique est devenu évident, de nombreux athlètes se sont accrochés à ce qu'ils savaient faire le mieux, et certains des sauteurs les plus performants ont continué à gagner des compétitions ... pour un court moment.

Mais il n'y avait pas de retour en arrière possible, et depuis 1977 chaque détenteur du record du monde a utilisé le « Fosbury Flop », le nom de cette technique.

---

Nous avons écrit ce livre, pour présenter à l'industrie des projets d'investissements lourds le «Fosbury Flop de la gestion de projet».

Nous croyons qu'à l'avenir, nous verrons que ceux qui livrent les projets les plus rapides et les moins coûteux utiliseront les méthodes que vous allez apprendre dans ce livre.

# Introduction

Breakthrough Project Management (BPM[3]) a été écrit pour les projets en Capital & Construction[4], ceux qui impliquent un investissement important dans les actifs et les infrastructures, tels que les bureaux, les hôpitaux, les routes, les systèmes ferroviaires, les usines et les installations de production.

Ce type de projets porte de nombreux noms, y compris la construction, l'infrastructure, les mégaprojets, les projets d'immobilisations, les dépenses d'investissement (CapEx), l'ingénierie et l'EPC (Engineer-Procure-Construct).

Par souci de simplicité, nous les appellerons projets d'investissements lourds.

La caractéristique distinctive de ce type de projet est que la majorité des travaux est effectuée par des fournisseurs et des sous-traitants sous contrats plutôt que par des employés de l'organisation cliente. Beaucoup de clients externalisent même la responsabilité globale de la gestion de projet, souvent sans comprendre comment les projets devraient et pourraient être gérés et sans se rendre compte de l'impact significatif des décisions qui sont prises à leur place.

Externaliser la gestion d'un projet d'investissement n'est pas un problème en soi. Cependant, la façon dont la plupart

---

[3]NDT : Breakthrough (qui veut dire percée décisive) a été conservé plutôt que traduit ainsi. Je conseille aux francophones gênés par la prononciation du « th » d'utiliser l'abréviation BPM.

[4]Ndt : on parle de projets capex pour capital expenditure (dépenses immobilisées). J'utiliserai indifféremment capex investissements lourds ou de construction.

des travaux sur les projets est externalisée est, à notre avis, un problème majeur qui est au cœur de bon nombre des questions qui sont préoccupantes dans les projets d'investissements lourds.

Les types de contrats les plus couramment utilisés pour engager les membres clés de l'équipe projet rémunèrent les fournisseurs, les entrepreneurs et les consultants du projet de façon à ce qu'ils s'occupent de leurs propres intérêts plutôt que de se concentrer sur la réussite du projet pour le client. Cela introduit un conflit majeur pour la plupart des équipes de projet : « Devrais-je faire ce qui aidera le projet global à réussir, ou devrais-je faire ce qui aidera mon employeur à faire plus de profit? » Lorsque les projets ne se passent pas bien, vous ne pouvez pas faire les deux, c'est l'un ou l'autre. C'est «moi» contre «nous», et ce dilemme peut détruire le type de travail d'équipe performant qui est nécessaire pour tous les projets, sauf les plus insignifiants.

Depuis des décennies, rapports après rapports mettent en évidence les faibles niveaux de réalisation non seulement des projets d'investissements lourds, mais aussi des projets de toutes sortes. Trop d'entre eux échouent à atteindre leurs objectifs, finissent plus tard ou dépensent plus que ce qui était budgété.

Dans ce Guide Managérial, vous apprendrez une approche pour échapper aux pauvres niveaux de performance en matière de projet qui sont si répandues aujourd'hui.

Nous n'allons pas seulement suggérer que vous travailliez plus dur, fassiez plus de formation, ou utilisiez de meilleures personnes. Non, nous voulons que vous le

## Introduction

« fassiez différemment ». Nous croyons que la cause racine de la plupart des problèmes des projets actuels se trouve dans la façon dont les projets d'investissement lourds sont gérés et approvisionnés, le **comment**, plutôt qu'à cause de ceux qui les gèrent, le **qui**. Le problème est le système, pas les gens.

Les organisations n'échapperont pas à une performance médiocre des projets jusqu'à ce qu'elles changent la façon dont les projets et leurs achats sont gérés. Et dans ce livre, vous apprendrez comment combiner deux techniques innovantes et éprouvées offre un moyen fiable et reproductible de présenter ce changement.

Ces innovations apportent une solution robuste et durable aux projets d'investissement lourds pour réduire les risques, réduire les coûts et réduire la durée des projets.

Ce n'est plus une histoire entre *«temps, coût et spécifications et choisissez n'importe quel des deux !»*. Maintenant, vous pouvez les avoir tous les trois ![5]

Mais non sans remettre en cause votre compréhension de ce qui représente les meilleures pratiques en matière de gestion de projets et de contrats.

Ce Guide Managérial est une brève introduction aux idées du Breakthrough Project Management (BPM), offrant un itinéraire vers des améliorations significatives dans les affaires avec :

---

[5] NDT: Traduction littérale de l'expression anglaise usitée Outre-Manche *« Time, cost or scope, chose any two »*.

## Introduction

- une augmentation du retour sur investissement pour les propriétaires de projets et les investisseurs,
- une amélioration de la rentabilité pour les entrepreneurs, malgré des coûts de projet inférieurs,
- une réduction des risques, avec une meilleure visibilité des enjeux et des risques émergents - pour qu'ils puissent être abordés quand ils sont petits et puissent être facilement rectifiés,
- plus de projets pour le même investissement et avec les mêmes ressources - ou les mêmes projets réalisés en utilisant moins de ressources,
- un résultat de meilleure qualité,
- moins de disputes et un règlement plus rapide des comptes définitifs,
- une réduction des niveaux de stress chez les membres de l'équipe projet et la capacité d'attirer les meilleurs employés et les meilleurs fournisseurs,
- pour les entrepreneurs, la possibilité de proposer les offres les moins chères, et de livrer un excellent résultat avec une plus grande rentabilité.

Travailler selon ce que nous vous proposons n'est pas compliqué, mais diffère des méthodes utilisées pour gérer la majorité des projets d'investissement et des portefeuilles de projets.

Éprouvés pour apporter une amélioration de la performance du projet dans de nombreuses industries différentes, les deux piliers fondamentaux du Breakthrough Project Management (BPM) sont:

## Introduction

1. La planification et la gestion de votre projet à l'aide de **la Chaîne Critique (CCPM pour Critical Chain Project Management)**.

   Le chapitre 2 explique comment fonctionne le CCPM et donne des exemples d'organisations qui l'ont utilisé pour livrer des projets à temps et en moins de temps.

2. La sélection et la façon de contracter avec vos entreprises générales et fournisseurs en matière de projet en utilisant **une Alliance Projet** pour aligner les intérêts de tous les membres de l'équipe.

   Le chapitre 3 discute des approches de la passation de contrats de collaboration et de la façon dont elles offrent un meilleur rendement à moindre coût – une Alliance Projet est une forme de contrat de collaboration.

Le BPM nécessite ces deux éléments. L'un sans l'autre peuvent fonctionner, mais ce sera difficile, et nécessitera de consacrer beaucoup de temps à la gestion. Cela peut apporter une certaine amélioration dans les performances des projets, mais en aucun cas autant que le niveau de performance qu'il est possible d'atteindre en utilisant les deux piliers ensemble.

La mise en œuvre du BPM ne modifie pas tous les aspects de la façon dont vous gérez vos projets.

## Introduction

Bien qu'il implique un changement significatif dans l'ordonnancement, la gestion des progrès et de l'approvisionnement, il est totalement compatible et, dans bien des cas, améliore la performance des projets menés selon d'autres approches. Le chapitre 4 énumère plusieurs techniques d'amélioration de la valeur utilisées dans les projets d'investissement et examine leur compatibilité ou incompatibilité avec le BPM.

Le dernier chapitre - le chapitre 5 - décrit les facteurs clés de la réussite de la mise en œuvre du BPM dans un éventail de différents types d'organisation.

Nous espérons que vous trouverez ce petit ouvrage stimulant et attendons avec impatience vos réactions une fois ces concepts mis en pratique.

Vous pouvez en savoir plus, discuter de vos idées avec nous et avec d'autres professionnels du secteur, ainsi que discuter des idées que nous décrivons dans ce livre sur notre site web.

Nous avons hâte de vous y accueillir.

www.BreakthroughProjectManagement.com

# Introduction

# Chapitre 1
# La nécessité de changer

> « *Nous ne pouvons pas résoudre nos problèmes avec la même façon de penser que celle que nous avons utilisée quand nous les avons créés.* »

> « *La folie : c'est de faire la même chose encore et encore et d'en attendre des résultats différents.* »

> *Albert Einstein*

## Le système actuel ne marche plus

Les méthodes actuelles utilisées pour gérer les projets ne sont pas assez bonnes. Il y a trop de preuves qui montrent que même lorsque les projets appliquent rigoureusement les méthodes acceptées de gestion de projets, ils peuvent encore être en retard et coûter encore plus que prévu.

Par «méthodes acceptées», nous entendons (i) l'utilisation de chemins critiques ou de tâches séquentielles pour planifier; (ii) la gestion des progrès en mettant l'accent sur les tâches et les jalons et en poussant à les

## La nécessité de changer

achever à leur date d'achèvement prévue, en utilisant peut-être des techniques telles que l'EVM (Earned Value Management)[6] et (iii) le recours aux contractants et aux sous-traitants avec des contrats à prix fixe chaque fois que possible.

Dans la pratique, la bonne performance d'un projet provient habituellement d'un bon gestionnaire de projet qui sait instinctivement quoi faire. Sinon, c'est une question de chance !

Une recherche rapide sur internet des « échecs majeurs en matière de projets » fournira les preuves suffisant à conforter notre affirmation. Une étude sur plus de 350 mégaprojets de pétrole et de gaz publiée en 2014 a révélé que 64% d'entre eux ont coûté plus cher et que 73% ont pris plus de temps que prévu (Ernst & Young, 2014). Des données de 2012, couvrant tous les types de projets d'investissements lourds, ont montré des résultats remarquablement similaires ; 63% des projets dépassent le budget et 75% sont en retard (AT Kearney, 2012). Un récent examen de mégaprojets par McKinsey fait valoir que 98% des projets ont subi des dépassements de coûts d'au moins 30% et que 77% d'entre eux accusent au moins 40% de retard. (McKinsey, 2015).

Cela en dépit de l'utilisation d'outils logiciels bien établis, de méthodologies structurées et bien documentées et avec plus de gestionnaires de projet ayant suivi des formations qualifiantes en gestion de projet. Il semble qu'aucun de ces

---

[6] *si vous utilisez l'EVM, vous pourriez être intéressé par l'un des articles sur le site du livre, comparant l'EVM et le CCPM.*

facteurs ne prédit de façon fiable la performance d'un grand projet.

Si les méthodes actuelles de gestion de projet étaient les meilleures façons de gérer les projets, il n'y aurait pas tellement de problèmes avec les grands projets et on pourrait raisonnablement s'attendre à une amélioration progressive au fil des ans, avec des chefs de projet de plus en plus qualifiés.

Mais nous ne voyons pas d'amélioration. En fait, il semble que ce soit tout le contraire.

Dans son livre récemment mis à jour (Leach, 2014), Lawrence Leach, auteur et consultant en gestion de projet, rapporte que cette situation n'a pas beaucoup changé au cours des 20 à 30 dernières années - la plupart des projets ne parviennent pas à atteindre les objectifs initiaux de délais, de coûts et de spécifications.

Paul Teicholz de l'Université de Stanford et Matt Stevens de l'Université de Melbourne ont mis en évidence, dans des études distinctes, une baisse constante de la productivité de la construction aux États-Unis depuis 1964, tandis que la productivité dans tous les autres secteurs avait considérablement augmenté (Lean Construction Institute, 2014). Nous ne croyons pas que ce soit différent dans les autres pays.

## La nécessité de changer

### Une amélioration massive est possible

Les deux piliers du Breakthrough Project Management (BPM) ont fait leurs preuves à maintes reprises pour améliorer durablement les projets.

#### La gestion des projets par la chaîne critique (CCPM)

Le CCPM a été développé au milieu des années 1990, et est devenu un sujet de première importance avec le livre *Critical Chain* (Goldratt, 1997). Depuis lors, des organisations petites et grandes ont publiquement partagé leurs résultats, confirmant que cela fonctionne. Quand il est correctement implémenté dans des organisations qui en comprennent les fondements il offre:

- Des délais plus courts : un projet CCPM est habituellement au moins 30% plus court,
- Une utilisation moindre des ressources - Les organisations peuvent livrer 50 à 100% de projets en plus, sans augmenter les ressources,
- Une réduction des coûts - en utilisant moins du temps des ressources. Si la moitié du coût de votre projet est liée au temps (par exemple, les personnes et les équipements loués), la réduction de temps de réalisation du projet réduira le coût de 15%,
- Des dates d'achèvement plus fiables - généralement plus de 90% de projets terminés à temps (et avec une durée globale plus courte),
- Des niveaux de surmenage et de stress plus faibles dans l'équipe.

## Les contrats collaboratifs

L'industrie de la construction sait depuis plusieurs décennies que la nature contradictoire des contrats utilisés pour les projets d'investissement a un impact négatif sur la performance. Les contrats relationnels/collaboratifs ont été proposés comme une approche beaucoup plus efficace. Parmi les défenseurs bien connus de ces idées figurent les rapports britanniques Latham & Egan produits dans les années 1990.

Au début des années 90, aux États-Unis, le Construction Industries Institute a également étudié les avantages découlant de ce que l'on appelait le «partenariat de projet». Leurs recherches sur près de 300 projets (CII, 1996) indiquent que les équipes de projet collaboratives ont généralement exécuté des projets:

- 20% plus rapides,
- 10% moins chers,
- avec moins de blessures et d'incidents de sécurité,
- avec une meilleure satisfaction des clients,
- avec une rentabilité plus élevée pour la supply chain (fournisseurs et sous-traitants).

Bien qu'il y ait diverses façons de recruter et d'engager les membres d'une équipe de projet sous une forme collaborative, le BPM recommande d'utiliser une *Alliance Projet* une forme bien établie de passation de marchés en collaboration.

## La nécessité de changer

### Le Breakthrough Project Management

Le Breakthrough Project Management (BPM) combine ces deux approches. Nous croyons que cela donne un modèle plus robuste et reproductible que l'exploitation de l'une ou l'autre approche seule sur un projet d'investissement lourd.

Une équipe collaborative ne génère pas automatiquement une amélioration. Vous ne vous contentez pas de rassembler les gens, de supprimer les obstacles commerciaux à la collaboration et d'espérer qu'ils livreront magiquement un meilleur projet. C'est possible, mais ce n'est pas garanti.

L'ajout du CCPM à une équipe de projet collaborative fournit un mécanisme pour apporter des améliorations et incorpore des comportements collaboratifs dans le travail quotidien de chacun.

Le CCPM a besoin d'une équipe de projet collaborative pour réussir. Dans les projets d'investissements lourds, la plupart de l'équipe projet n'est pas employée par le client ou le propriétaire du projet ; il existe un contrat commercial (ou une chaîne de contrats) entre le client et les membres de l'équipe. La méthode de contractualisation courante consistant à utiliser des contrats à prix fixe avec les fournisseurs et les sous-traitants du projet, souvent sélectionnés sur la base du moins disant, rend la mise en œuvre du CCPM difficile, voire impossible.

Même si la majorité de vos projets actuels atteint ses objectifs, si vous utilisez des méthodes classiques de gestion de projet, vos durées de projet seront probablement plus longues que ce qu'elles doivent être, ce qui signifie qu'elles vous coûteront plus cher qu'elles ne le devraient.

## Un marché concurrentiel ne garantit pas l'excellence

La concurrence ne conduit pas automatiquement les fournisseurs à rechercher et à opérer selon ce que l'on appelle les meilleures pratiques. Pour survivre dans un marché concurrentiel, vous devez seulement être aussi bon que vos principaux concurrents. Cela signifie le plus souvent être assez bon pour gagner suffisamment d'affaires pour vous maintenir.

La plupart d'entre nous peuvent tenir leur rang dans un 100 mètres entre amis. Même si nous tous mangeons et buvons un peu trop, et ne faisons pas assez d'exercice, il y aura toujours compétition à la course, et il y aura toujours une certaine variabilité au niveau du gagnant. Mais cela ne nous rend pas aussi bons que nous pourrions l'être, et cela laisse nos temps loin du record mondial actuel d'Usain Bolt de 9,58 secondes. Même si moi (Ian), je voulais gagner chaque course, je n'ai besoin de n'être que quelques pour cent meilleur que les autres. Je n'ai pas besoin d'être mieux que ça.

Mais si Robert embauche un entraîneur de niveau olympique, suit la bonne alimentation, s'entraîne rigoureusement, que pensez-vous qu'il se passera ? Il pourra probablement gagner à volonté, sans transpirer, et si je veux gagner à nouveau, je ne pourrai pas le faire du jour au lendemain (voire pas du tout).

## La nécessité de changer

Les appels d'offre et la concurrence fonctionnent exactement de la même manière. Les fournisseurs ont seulement besoin d'être aussi bons que leurs concurrents. Et comme presque personne n'utilise les méthodes de ce livre comme nous le recommandons, il n'y a pas de forces sur marché qui poussent au changement. Tout le monde fait de même, en utilisant le même groupe de personnes, et des méthodes similaires. Les soumissionnaires sont heureux de baisser leurs marges de quelques pour cent quand ils ont besoin de travail supplémentaire. Ils n'ont pas besoin de faire plus que cela.

Jusqu'à ce qu'une entreprise décide de se conduire différemment, et avant que ses concurrents ne s'en rendent compte, elle pourrait être loin devant.

### Les risques de l'inaction

Êtes-vous prêt à prendre le même risque que les sauteurs en hauteur à la fin des années 1960 et au début des années 1970, quand ils sont restés fidèles au saut en ciseaux, en dépit de la démonstration par Dick Fosbury d'une «meilleure façon de sauter » ?

Des entreprises grandes et petites utilisent aujourd'hui les principes du BPM, dans des secteurs allant du logiciel au développement de nouveaux produits et à la maintenance lourde.

Mais dans l'industrie des projets d'investissements lourds, leur utilisation est rare. Nous discutons dans les chapitres suivants de notre point de vue sur ce qui pourrait en être la

## La nécessité de changer

raison, mais ce n'est pas parce que ces méthodes ne fonctionnent pas.

La reprise relativement faible aujourd'hui offre une opportunité unique aux promoteurs débutants de développer ce que les professeurs de l'INSEAD Kim et Mauborgne appellent une «Stratégie Océan Bleu» - c'est-à-dire un avantage concurrentiel décisif avec peu de concurrents.[7]

La plupart des entrepreneurs ont des personnels spécialisés-projets qui sont au courant de ces idées, mais la plupart des clients insistent pour suivre l'approche conventionnelle et en conséquence, pour le contractant, ces idées ne sont guère plus qu'une théorie intéressante.

Les clients ne demandent pas à leurs fournisseurs de changer et d'améliorer la façon dont ils gèrent les projets. Ils ont leur propre point de vue sur la façon dont les projets doivent être gérés en fonction de l'orthodoxie actuelle, ou ils supposent que la concurrence stimule automatiquement l'innovation.

Même lorsque les clients quittent leur base fournisseur pour gérer les projets selon le mode qu'ils préfèrent, la plupart des entrepreneurs semblent heureux de travailler de la même façon qu'ils l'ont toujours fait et de la façon dont la plupart de leurs concurrents le font.

---

[7]"Blue Ocean Strategy" par W. Chan Kim et Renée Mauborgne, 2005/2015 Harvard Business Review Press. Disponible en français chez Pearson sous le titre « Stratégie Ocean Bleu : comment créer de nouveaux espaces stratégiques » NDT.

# La nécessité de changer

Au moment où nous écrivons ce livre, le Project Management Institute (PMI) vient de publier son enquête *«Pulse of the Profession»* de 2016. Plus d'un tiers des répondants ont déclaré utiliser le CCPM «toujours» ou «souvent», et il semble que, en dehors de la construction, le CCPM est en train de passer d'une idée de niche à une méthode majeure de gestion de projets.[8]

Que se passerait-t-il i si un de vos principaux concurrents essayait les idées de ce livre, et s'il réussissait à les faire fonctionner? Que faire si vous êtes un entrepreneur et qu'un client important commence à exiger des propositions suivant ces principes? Voulez-vous vraiment avoir à apprendre en même temps que vous répondez à un appel d'offres?

Il suffira qu'un concurrent utilise ces principes pour avoir un impact significatif sur votre entreprise. Il pourrait même être une entreprise que vous considérez comme trop petite pour être une menace pour vous.

Au moment où vous vous rendriez compte qu'ils font quelque chose de différent, vous pourriez être à des années en arrière. Nous ne pensons pas qu'il y ait une rentabilité suffisante dans l'industrie pour que vous puissiez continuer à fonctionner comme vous le faites aujourd'hui, à réduire vos marges afin de gagner de nouveaux chantiers contre la

---

[8]Le CCPM a le même niveau d'adoption «toujours» et «souvent» qu'Agile, et des niveaux plus élevés que les techniques de Lean, Scrum et Six-Sigma PM. Voir p21 dans Pulse of the Profession® 2016 du PMI,

# La nécessité de changer

nouvelle concurrence et aussi pour rattraper votre retard. Sauf si vous avez des poches très profondes ...

### Qu'est-ce que cela m'apporte en tant que Client?

- Un meilleur ROI de vos projets,
- Des projets plus courts - un revenu positif et un seuil de rentabilité atteints plus tôt,
- Une baisse des coûts du projet,
- Du cash libéré pour faire plus de projets,
- Une amélioration de la qualité du produit final du projet,
- Moins de risques que les entrepreneurs rognent sur tout pour gagner de l'argent,
- Des niveaux de risque réduits,
- En tant que client plus attractif, vous vous assurez que les meilleurs entrepreneurs seront intéressés par votre offre, ce qui réduit le nombre d'offres bidons ou d'offres hors de prix.[9]

### Qu'est- ce que cela m'apporte en tant qu'Entrepreneur?

- Une amélioration de la rentabilité des affaires,
- Une augmentation des ventes, sans augmentation des coûts ni des frais généraux, et une utilisation optimale des ressources clés,

---

[9]*Plutôt que de ne pas soumettre d'offre en n'enchérissant pas, les entrepreneurs proposent souvent un prix élevé, en ne s'attendant pas à gagner. C'est parce qu'ils s'inquiètent d'être exclus des futurs appels d'offres s'ils ne présentent pas une soumission.*

Le Guide Managérial du
Breakthrough Project Management

## La nécessité de changer

- Un risque de liquidités réduit,
- Une meilleure réputation,
- Une baisse de l'exposition financière à des projets problématiques,
- Une fidélisation du personnel.

### Le point central de ce livre

Le BPM aborde les points des contrats de gestion des projets qui, selon nous, les pénalisent et doivent être modifiés. En particulier, nous traitons de l'ordonnancement, du contrôle des projets et de la gestion de l'exécution, de la sélection des entreprises générales et des fournisseurs et de la gestion des programmes et/ou des portefeuilles.

Nous ne prétendons pas que c'est un ensemble complet de connaissances pour la gestion de projet. Vous devez toujours définir le bon projet et intégrer les bonnes pratiques en matière de gestion des risques, d'amélioration continue, de contrôle de la qualité et de principes lean. Vous devez quand même utiliser les bons outils pour concevoir et communiquer à votre équipe. Vous avez encore besoin de bons chefs de projet.

Le BPM constitue une excellente base pour créer une équipe de projet mieux orientée pour utiliser et exploiter les bonnes pratiques éprouvées telles que la gestion des risques et le Value Management, la définition des spécifications (par exemple, en utilisant des outils comme PDRI[10]).

---

[10] Project Definition Rating Index est un outil de mesure de la qualité de la définition de projet, développé par le Construction Industries Institute (www.construction-institute.org)

## La nécessité de changer

L'utilisation d'outils de conception collaborative et de gestion des connaissances (comme BIM[11] et PDMS[12]) est totalement compatible avec le BPM.

En rédigeant ce livre, nous nous sommes concentrés sur l'exécution et la livraison du projet et sur leur potentiel d'amélioration significatif. Les principales raisons à cela sont le manque de matériel publié sur ces idées, et la taille et la vitesse de l'amélioration que ceux qui les adoptent peuvent réaliser.

Une fois maîtrisées, les philosophies sous-jacentes au BPM peuvent également contribuer à la sélection de projets et au développement stratégique, ainsi qu'aider à s'assurer que les bons projets sont choisis et spécifiés avant leur exécution.

Si vous souhaitez en savoir plus sur les applications qui dépassent le cadre de ce bref guide, nous serions ravis d'échanger avec vous.

---

[11] Building Information Management. Outil de conception 3D avec la base de données détaillée associée, utilisé dans l'industrie de la construction de bâtiments.

[12] Plant Design Management System Similaire au BIM –plus utilisé dans les industries de process.

# Chapitre 2
# Gérer les projets à l'aide du CCPM

« Si vous êtes d'accord avec chaque étape de la discussion, mais que la conclusion vous laisse en colère ou mal à l'aise, il pourrait être temps de reconsidérer votre vision du monde, de ne pas rejeter la discussion. »

Seth Godin

### Le CCPM en pratique

- Emesa a fourni la structure de la nouvelle station TGV à Liège en Belgique - un contrat de 50 M € sur trois ans. À seulement 6 mois de l'échéance, ils ont mis en place le CCPM qui les a aidés à livrer à temps et à éviter 5 millions d'euros de pénalités de retard. *En fait, ils ont livré 11 mois de travail traditionnel en 6.*

- Lorsque Boeing a introduit le CCPM dans son processus de conception d'avions, ils en ont terminé la conception *en 30% moins de temps que précédemment. Ils ont récupéré un retard de 2 mois dans le démarrage, et ont commis 50% en moins d'erreurs.*

- La société de construction japonaise Daiwa House a utilisé le CCPM pour redresser la mise en œuvre d'un système ERP défaillant. Il avait pris un retard de quatre mois après seulement 13 mois (avant d'utiliser CCPM). 12 mois plus tard, le projet a été achevé à temps et a utilisé **27% *en moins de ressources de mise en œuvre que prévu, économisant plus de 10 millions de dollars en rémunérations de consultants externes.***

- Une coentreprise dirigée par Primex était l'un des trois entrepreneurs de la construction de 100 km de route au Mexique. En quelques mois, des conditions météorologiques inattendues ont fait perdre 45 jours. À l'aide du CCPM, *ils ont terminé à temps, alors que les deux autres entrepreneurs (plus grands, plus expérimentés et ne faisant pas appel au CCPM) ont terminé leur section avec 40% de retard.*

La différence que la planification du projet et la gestion de l'exécution peuvent apporter est d'une importance stratégique critique.

Quel serait l'impact sur votre entreprise si vous aviez livré le genre d'améliorations atteint par les entreprises ci-dessus? Ces résultats sont typiques des implémentations CCPM, avec une importante réduction de la durée des projets de plus de 50% par rapport aux méthodes traditionnelles.

L'hypothèse de base du BPM est que les méthodes classiques de planification et d'exécution des projets sont à l'origine de la plupart des problèmes de livraison. C'est pourquoi tant de projets ont de mauvaises performances,

malgré la présence d'anciens combattants du secteur, de personnel qualifié et de logiciels coûteux. Le changement est la clé de la livraison d'un projet plus rapide, à moindre coût, et avec beaucoup plus de prévisibilité.

Le BPM utilise la Gestion des Projets par la Chaîne Critique (CCPM pour Critical Chain Project Management) pour planifier le projet et gérer son exécution.

> Amdocs, une entreprise de logiciels de B2B au chiffre d'affaires de 4 milliards de dollars, a soumis un grand nombre de ses gestionnaires de projets à des programmes de qualification PMI parce qu'ils pensaient que la productivité de leur projet dépendait des niveaux de compétence de leur équipe.
>
> Cela n'a pas changé la productivité ni la qualité de la conception, ni la livraison du projet.
>
> Quelques mois après avoir commencé à utiliser le CCPM, ils ont remarqué des améliorations.
>
> En moins d'un an, tous leurs projets utilisaient le CCPM, et Amdocs livrait 14% de projets de plus avec les mêmes ressources et achevait des projets en 20% de temps de moins. Les crises nécessitant une intervention du conseil d'administration se produisaient rarement, les coûts étaient en baisse, les dépassements de coûts rares et ils pouvaient plus facilement faire face aux changements tardifs du client.
>
> *(Source: Discussion que Ian a eu avec Yoav Ziv, Vice Président d'Amdocs, en février2015)*

Développé dans les années 1990, le CCPM a été utilisé dans des milliers de projets à travers le monde. Cependant, il en est encore à ses balbutiements, et la prise de conscience du CCPM varie considérablement d'un pays à l'autre. Il y a

## Gérer les projets à l'aide du CCPM

aussi beaucoup de malentendus au sujet du CCPM parmi de nombreux experts en gestion de projet. L'un des principaux praticiens du CCPM a déclaré que la mauvaise compréhension de la méthodologie du CCPM était «prévalente» parmi les chefs de projet qui en avaient entendu parler.

Ayant participé et étudié des centaines de projets ayant utilisé le CCPM, nous ne connaissons aucune autre méthode structurée pour gérer des projets qui fournit constamment des améliorations importantes et rapides, dans un large spectre d'environnements de projets.

Le CCPM incorpore nombre des pratiques que les meilleurs gestionnaires de projet utilisent instinctivement, mais contrairement à «l'expérience», il peut être enseigné, et être intégré dans des systèmes et des processus simples. Les résultats peuvent être obtenus rapidement, et tout aussi bien par le personnel junior que par ceux qui ont plus d'expérience.

Certaines entreprises qui utilisent le CCPM le gardent confidentiel, car elles le voient comme un avantage concurrentiel. Parmi les principales organisations qui ont mis en place le CCPM et en ont publiquement partagé les résultats spectaculaires figurent :

## Gérer les projets à l'aide du CCPM

| | | |
|---|---|---|
| Boeing (conception et construction d'avions) | Siemens (centrales électriques) | Ministère japonais de l'infrastructure et du tourisme - MLIT (infrastructure publique) |
| Amdocs (logiciel). Voir encadré | Tata Steel (fermetures d'aciéries) Delta Airlines (révision de moteurs à réaction entretien) | Balfour Beatty (construction - pilote 1990's) |
| Seagate (mémoires numériques) | | |
| Lufthansa (maintenance d'avions) | Unilever (construction usine) | Metodo Engenharia (Entreprise brésilienne) |
| Harris Semiconductor (nouvelle usine) | Mazda (développement de nouvelles technologies) | Forces militaires françaises et américaines (réparation et révision de matériels) |
| NASA | | |

Le CCPM n'est pas seulement une autre façon de planifier et de gérer un projet. Il offre des résultats améliorés. La plupart de ces entreprises possédaient une vaste expérience dans la gestion de projets avant d'avoir essayé le CCPM et avaient un personnel bien formé et s'appuyaient sur un logiciel de gestion de projet sophistiqué.

Ils ont constaté que le CCPM avait suffisamment augmenté leur performance pour en rendre public les résultats. Un rapide coup d'œil aux sites web des principales sociétés proposant des logiciels CCPM produit une liste de centaines d'entreprises utilisant le CCPM, dans tous les environnements de projets imaginables, et des pages

# Gérer les projets à l'aide du CCPM

d'études de cas détaillées, démontrant des améliorations semblables à celles que nous décrivons ici[13].

## Qu'est-ce qui rend le CCPM différent ?

L'une des principales raisons pour lesquelles les méthodes de gestion de projet actuelles ne parviennent pas à fournir les résultats dont les entreprises ont besoin, c'est la façon dont elles abordent l'incertitude.

Les projets sont intrinsèquement incertains, et il y a beaucoup d'inconnues pour construire un calendrier et un budget. Si vous regardez la recherche sur les raisons pour lesquelles les projets échouent, vous verrez que beaucoup des raisons invoquées mentionnent l'incertitude. Pour citer un seul rapport «...la plupart des clients disent qu'il s'agissait d'échecs imprévus avec peu ou pas de signes avant-coureurs permettant d'éviter des résultats désastreux» (KPMG, 2013).

Nous ne sommes pas entièrement d'accord avec l'implication de cette citation, que l'impact de l'incertitude sur les projets soit inévitable. Nous savons tous que quelque chose se passera sur les projets pour rendre certaines tâches plus difficiles que prévu, tandis que d'autres vont se dérouler plus facilement. Le problème est que nous ne savons pas à l'avance quelles tâches se

---

[13] En octobre 2015, nous avons trouvé plus de 250 sociétés listées et plus de 70 études de cas sur seulement 4 sites Web:
www.exepron.com, www.realization.com, www.prochain.com, www.beingmanagement.co

dérouleront sans problème et celles qui auront des problèmes.

L'approche traditionnelle de la gestion de projet s'attend à ce que chaque tâche gère sa propre incertitude et veille à ce qu'elle soit livrée à temps. L'idée est que si chaque tâche peut finir à temps, alors le projet entier se terminera à temps. Lorsque les principaux éléments du projet sont sous-traités, cette philosophie est intégrée dans les contrats, et renforcée avec des pénalités ou des dommages-intérêts si les tâches sont en retard.

Le CCPM adopte une approche fondamentalement différente pour gérer l'incertitude inhérente aux projets. Cet aspect est beaucoup trop important pour être laissé aux détenteurs des tâches individuelles.

L'incertitude fait partie de la vie, et c'est quelque chose que nous comprenons tous intuitivement. Le problème est que nous appliquons rarement notre bon sens du monde réel lorsque nous gérons des projets.

Imaginez que vous vivez dans une ville animée à 15 km de votre lieu de travail habituel. Si on vous demandait combien de temps cela vous a prend pour renter à la maison le soir, vous pourriez donner le temps moyen - disons 30 minutes. Si on vous demandait quel est le temps le plus court pour faire le trajet, vous pourriez dire 18 minutes, et pour le temps le plus long, 90 minutes.

Nous savons instinctivement qu'il y a toutes sortes de choses qui peuvent arriver, qui sont en dehors de notre contrôle, et qui signifient que le temps réel dont vous avez besoin sur un jour donné est imprévisible. En fait, la probabilité que le trajet prenne le temps moyen (30 minutes précisément) est assez faible.

Mais quand on en vient aux projets, nous n'aimons pas que les gestionnaires des tâches soient honnêtes, et nous disent: «Cela prendra entre 18 et 90 minutes». Il peut parfois sembler que les top managers vivent dans un monde beaucoup plus prévisible que le reste d'entre nous (ou pour leur accorder le bénéfice du doute, peut-être qu'ils croient vraiment que la meilleure chose à faire est d'insister sur l'utilisation d'un nombre «très hautement certain»). Comme être en retard sur une tâche est considéré comme une mauvaise chose, la plupart d'entre nous, lorsque nous sommes forcés de donner une durée à une tâche, donnera un nombre beaucoup plus grand que la durée moyenne de la tâche.

En utilisant notre trajet travail-domicile comme un exemple simple, si nous avions un rendez-vous important le soir, la plupart d'entre nous planifierait beaucoup plus de temps que la moyenne de 30 minutes, plutôt 60 minutes, peut-être 80 ou voire même 90. Nous n'aurions probablement pas prévu de prendre 30 minutes si nous voulions être certains que nous ne serions pas en retard. Nous ajoutons naturellement une sécurité à la tâche moyenne afin de fournir un engagement fiable.

Ce même phénomène se produit sur les projets. Nous demandons à ceux qui estiment la durée des tâches de fournir un engagement fiable, puis de gérer les projets en attendant que ces engagements soient atteints. Nous signons des contrats avec des prix fixes et réclamons des dommages-intérêts pour l'achèvement tardif des tâches, en attendant de chaque fournisseur ou chaque entrepreneur qu'ils gèrent leurs propres risques. Cela signifie que presque toutes les tâches sont planifiées de façon prudente, même si le propriétaire de la tâche est soumis à de fortes pressions pour en réduire l'estimation. Personne ne donnera au planificateur un temps ou un coût moyens, parce que par définition «moyen» signifie que la moitié du temps cela vous prendra plus longtemps et coûtera plus cher, ce qui serait un suicide commercial.

La sécurité incorporée dans ces engagements fiables n'est pas du rembourrage. Elle est souvent nécessaire. Il est nécessaire de maîtriser l'incertitude inhérente et la variabilité du travail.

Dans les projets gérés traditionnellement, cette sécurité est incluse dans les tâches. Souvent, l'estimateur ne réalise même pas qu'elle est là - personne ne parle de «temps moyen plus une sécurité». Les normes d'estimation sont basées sur l'expérience réelle, et donc incluent la sécurité, parce que cette protection est souvent nécessaire.

Bien que les gestionnaires de projet parlent d'«imprévus», il s'agit généralement d'une valeur monétaire, pour couvrir des événements à risque spécifiques, plutôt que la variation naturelle de la durée autour de la moyenne. Il est rare que le temps alloué aux imprévus soit inclus dans les plannings. L'imprévu est aussi quelque chose qui est détaché des estimations pour atteindre les objectifs budgétaires, forçant les estimateurs et les planificateurs avisés à le cacher.

Il existe certaines techniques, telles que le PERT et la méthode de Monte-Carlo, qui tentent de rendre compte de la variabilité de la durée des tâches, mais leur utilisation dans des projets réels est rare. Il existe également des faiblesses dans leur mise en œuvre qui nous convainquent que l'approche CCPM est à la fois plus simple et plus fiable.

Construire une certaine sécurité dans la durée d'une tâche seule n'est pas significatif en soi. Cependant, dans le cadre d'un projet comprenant des centaines ou des milliers de tâches de ce genre, il s'agit d'un problème énorme - cela signifie que le planning du projet contient beaucoup trop de temps.

En plus de trop de temps (et donc de coûts), essayer de gérer l'incertitude avec la sécurité au niveau de chaque tâche réduit également les chances que le projet global bénéficie d'une amélioration de la durée d'une seule tâche. Contrairement au CCPM qui est conçu pour exploiter l'achèvement précoce des tâches.

---

En 2003, un petit entrepreneur en construction au Japon a utilisé le CCPM dans le cadre d'un projet de protection contre les inondations.

Malgré le retard pris dans la mise en œuvre du projet, le fait d'être sujet à changements, et le fait d'avoir un chef de projet inexpérimenté, le projet a été livré rapidement et en deçà du budget. Le propriétaire de Sunagogumi, l'entrepreneur, a été convaincu et a appliqué le CCPM à tous ses contrats.

Le succès du projet utilisant le CCPM a été porté à l'attention du ministère fédéral, le MLIT, qui a immédiatement vu son potentiel. Peu de temps après leur initiative «Win/Win/Win

Travaux Publics» est née, et le CCPM est devenu une pierre angulaire de la stratégie nationale de construction au Japon.

Depuis lors, des milliers d'employés des ministères et des entreprises sous contrat ont appris et utilisé le CCPM pour livrer des projets d'infrastructure au Japon plus rapidement, mieux et moins chers.

*(Sources: Kishira (2009), et une réunion que Ian a eu au MLIT Tokyo en Novembre 2011, avec Yuji Kishira et des officiels du MLIT.)*

## Comment le CCPM peut-il raccourcir les projets et continuer à respecter les délais ?

Un projet CCPM type supprimera au moins 25% du temps inclus dans un calendrier traditionnellement planifié. Et comme beaucoup de coûts sont proportionnels au temps passé (par exemple le coût des personnels et des équipements loués), les coûts décroissent également. En outre, les projets gérés par le CCPM se terminent régulièrement à temps ou sont en avance sur le calendrier, comparativement aux deux tiers des projets en retard rapportés par Ernst & Young (2014) et AT Kearney (2012).

Mais comment le CCPM peut-il faire cela? L'expérience nous apprend que les projets traditionnels sont plus souvent en retard qu'en avance, ce qui impliquerait qu'il n'y a pas assez de temps dans le calendrier, et pourtant le CCPM peut économiser du temps et de l'argent.

Tout dépend de la façon dont la sécurité est utilisée. Le CCPM repose sur le principe que les comportements dans un projet géré de façon traditionnelle gaspillent la sécurité intégrée. Le CCPM comprend les outils pour s'assurer que le temps de sécurité est très visible, et est géré avec soin dans l'ensemble du projet. La clé est dans la gestion de l'exécution, pas seulement dans la planification. Le CCPM ne se contente pas de comprimer les durées, il se concentre sur la réduction du temps perdu.

Avec chaque tâche comprenant une allocation de temps de sécurité et de coût[14] pour couvrir la probabilité de 50% qu'il faudra plus de temps que le temps moyen, les tâches auront plus de temps alloué dans le calendrier qu'elles n'en auront besoin dans la plupart des circonstances. Une estimation typique de la durée d'une tâche dans un projet contient suffisamment de temps pour l'achever à temps dans environ 90% des situations. En d'autres termes, dans 89% des cas, il faudra moins de temps que prévu.

Si notre expérience nous apprend que de nombreuses tâches se terminent tardivement, ce qui fait que les projets sont en retard, comment se fait-il que si vous réduisez le temps estimé pour chaque tâche, cela donne une meilleure chance de terminer le projet à temps?

C'est parce que de nombreuses tâches n'ont pas besoin de la sécurité planifiée. Pensez à l'exemple précédent du trajet vers votre domicile. Alors que vous pouvez vous allouer 60 minutes pour les rares fois où vous devez absolument arriver à une heure donnée (temps moyen de 30 minutes, plus 30 minutes de sécurité), la plupart du temps vous n'aurez pas besoin de 60 minutes, et de ce fait vous arriverez à la maison plus tôt, ou, à la place, vous pourrez

---

[14]*Par souci de simplification, nous n'utiliserons que la sécurité du temps, bien que les mêmes principes s'appliquent au coût*

choisir de prendre plus de temps que nécessaire en vous arrêtant à un café, ou en vous rangeant sur le bas-côté et en passant quelques appels.

Bien que cela puisse ne pas être important lorsque vous rentrez à votre domicile, considérez l'effet lorsque cette idée est multipliée tout au long d'un projet.

Par exemple, nous avons un projet qui se compose de 8 tâches, chacune de 4 semaines. Chaque tâche est effectuée par un fournisseur ou un entrepreneur différent et vous avez insisté sur des offres très sûres (à prix fixe). Elles incluent toutes de la sécurité.

| Sécurité au niveau des tâches | |
|---|---|
| Durée de la tache | 4 semaines |
| Tâches | 8 |
| Durée du projet | 8 x 4 = 32 semaines |

Disons que le temps <u>moyen</u> d'exécution d'une tâche est de deux semaines, avec deux semaines de sécurité - environ 50% de l'estimation très certaine».[15]

Si vous deviez retirer toute cette sécurité des tâches individuelles et la mettre dans un réservoir pour être

---

[15] Il s'agit d'une règle de base du CCPM qui a été validée dans des milliers de projets et des centaines de milliers de tâches. Bien qu'il y ait des exceptions, il s'agit d'une « assez bonne » estimation.

utilisée par les tâches qui en ont vraiment besoin, cette réserve de sécurité nécessiterait beaucoup moins de temps que le temps total que vous avez retiré de chaque tâche.

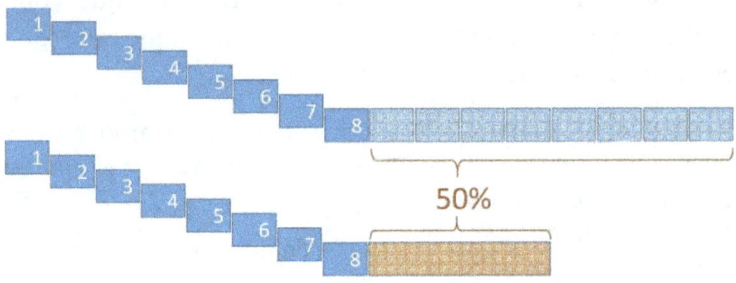

Dans notre exemple de 8 tâches, une réserve de sécurité partagée de 8 semaines seulement, par rapport au total de 16 semaines incluses dans chaque tâche.

| | Sécurité Mutualisée |
|---|---|
| **Durée de la tâche** | 2 semaines |
| **Tâches** | 8 |
| **Sécurité retirée** | 16 semaines (8 x 2 semaines) |
| **Réservoir de sécurité du projet** | 8 semaines (50% de la sécurité retirée) |
| **Durée du projet** | (8 x 2) + 8 = 24 semaines |

L'idée de la mise en commun du risque (l'incertitude) n'est pas nouvelle, et le fait que vous ayez besoin de moins de sécurité au total si elle est agrégée/regroupée, peut être prouvée mathématiquement si vous le souhaitez.

Heureusement, ce guide est un Guide pour managers, donc nous n'aborderons pas cet aspect, mais le point important est que ce n'est pas de la magie, de la sorcellerie, ou tout simplement un jeu de chiffres. C'est un principe bien éprouvé, mais un principe qui est ignoré dans la façon dont la plupart des projets sont gérés aujourd'hui.

La mutualisation des risques a été utilisée par l'industrie de l'assurance depuis des siècles. Nous payons chacun un montant pour protéger contre un risque, dans un réservoir géré de façon centralisée. Le montant que nous payons est beaucoup plus petit que ce que nous devrions mettre de côté si nous devions nous assurer nous-mêmes. C'est exactement ce que fait le CCPM sur les projets.

Le premier principe du CCPM est que l'incertitude est gérée et prévue au niveau du projet et non au niveau de chaque tâche. Le temps prévu et la réduction pour couvrir l'incertitude et la variabilité sont cumulés. Les tâches sont séquencées et leur durée nominale est basée sur la durée moyenne d'exécution de la tâche.

Cela va à l'encontre de la pratique traditionnelle. La pratique traditionnelle exige des dates d'achèvement des tâches ou des jalons. Cela suppose que si nous gérons tous les jalons intermédiaires étroitement, alors le projet résultant sera à l'heure. On veut être en mesure de blâmer et de pénaliser un entrepreneur en particulier lorsqu'il est en retard.

## Gérer les projets à l'aide du CCPM

Le CCPM adopte une approche différente et contre-intuitive. En ignorant les jalons intermédiaires et en se concentrant intensément sur l'achèvement du projet, cela signifie que nous surveillons la consommation de la sécurité partagée et la comparons avec l'avancement global du projet. Savoir quelles sont les tâches qui vont piocher dans la réserve de sécurité n'est pas important.

Bien que la mise en commun des risques soit au cœur du succès du CCPM, il ne suffit pas de mettre en commun la sécurité et de la réduire ensuite. Nous devons également gérer le projet différemment. Les techniques traditionnelles de gestion de projet sont conçues pour essayer de gérer les risques au niveau des tâches. Maintenant que nous n'avons plus de sécurité au niveau des tâches, nous avons besoin de nouveaux processus de gestion qui sont conçus pour gérer la sécurité dans le réservoir. Sans un changement de pratiques, nous n'obtiendrons aucune amélioration dans la performance.

Dans le CCPM, la sécurité dans le réservoir est appelée buffer[16]. Un projet aura un buffer de projet unique, et un petit nombre de buffers supplémentaires stratégiquement placés, qui contiennent la sécurité. Les tâches sont généralement représentées dans un graphique à barres, comme indiqué ci-dessous.

---

[16]NDT : le mot buffer, universellement admis dans la communauté CCPM est préféré au mot tampon.

## Gérer les projets à l'aide du CCPM

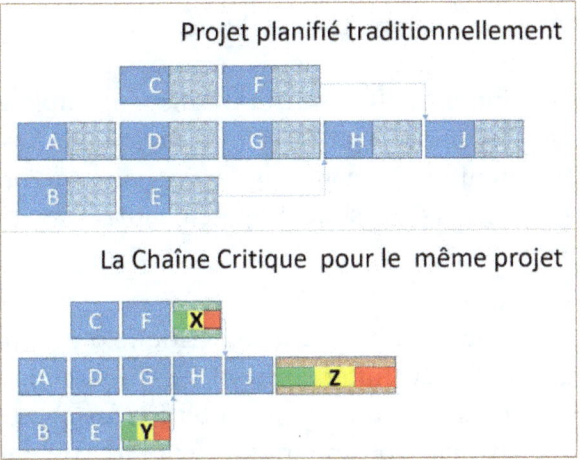

Ce n'est qu'une représentation schématique - le buffer n'est pas une tâche au sens traditionnel, et il n'est pas utilisé seulement à la fin. Les buffers sont là pour calculer la durée totale du projet et les dates de début nécessaires pour les chaînes de tâches afin d'atteindre la date de fin du projet.

Dans l'illustration ci-dessus, vous verrez que les durées des tâches traditionnelles ont été divisées par deux, et une nouvelle barre finale (Z) appelée le «buffer de projet» a été insérée. Il y a deux autres buffers, X et Y, ajoutés pour s'assurer que la chaîne critique (A-D-G-H-J) est protégée contre tout dépassement dans les chaînes auxiliaires C-F et B-E.[17]

---

[17]*Dans cet exemple simple, la «chaîne critique» est identique au «chemin critique». La principale différence entre une chaîne critique et un chemin critique est que la chaîne critique tient compte de la*

# Gérer les projets à l'aide du CCPM

Le suivi de la consommation des buffers est l'outil principal utilisé pour la gestion de l'exécution du projet. La consommation du buffer fournit un moyen simple et clair d'indiquer les priorités aux gestionnaires de tâches et de ressources, tout en donnant aux gestionnaires de projet et aux top managers un simple aperçu rapide des progrès globaux.

Si nous sommes à 50% du chemin critique d'un projet, et avons utilisé 30% du buffer de projet, les choses progressent bien. Si nous avons utilisé 50% du buffer, les choses vont toujours bien, mais nous pourrions peut-être commencer à planifier la récupération d'une partie du buffer. Si nous avons utilisé 75% du buffer, nous devrions déjà mettre en œuvre des plans pour sa reconstitution.

### Le Fever Chart (la « feuille de température »)

La plupart des projets utilisent un outil graphique simple, appelé Fever Chart, pour surveiller le buffer de projet. Un exemple simple en est montré ci-dessous.

---

dépendance et de la disponibilité des ressources dans le calendrier, alors que le chemin critique est basé sur la séquence logique des tâches. Afin de rester simple, nous n'allons pas utiliser cette différence, mais sur la plupart des projets réels, la chaîne critique n'est pas la même que le chemin critique.

## Gérer les projets à l'aide du CCPM

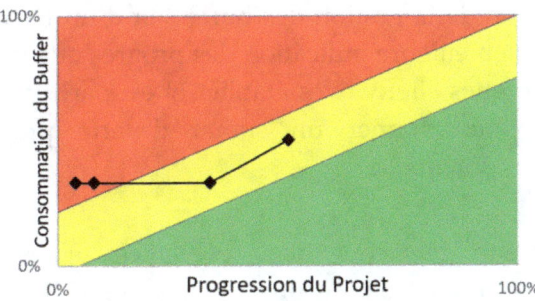

Les points sur la ligne sont les rapports d'avancement du projet. En réalité, la plupart des projets ont beaucoup plus de points que ceux qui sont présentés ici.

Le graphique montre que les progrès initiaux ont été lents, avec environ 33% du buffer utilisé avant que 10% du projet soit terminé, mais dans le troisième rapport, les choses étaient en équilibre - pas plus du buffer n'avait été utilisé, et 33% du projet étaient réalisés. Ces progrès se sont poursuivis jusqu'au dernier rapport, où nous sommes maintenant avec un projet à moitié réalisé, et nous avons utilisé 50% du buffer. Les couleurs donnent une indication immédiate et intuitive des progrès réalisés.

| | |
|---|---|
| Vert | **OK** – Laissez faire |
| Jaune | **Attention** – progression normale, mais préparez des plans pour reconstituer le buffer |
| Rouge | **Agissez** – Mettez en place les actions de reconstitution |

## Gérer les projets à l'aide du CCPM

L'utilisation de la gestion des buffers et d'un Fever Chart donne une meilleure indication des progrès que la plupart des techniques alternatives établies et est particulièrement efficace pour donner un signal d'alerte précoce de problèmes potentiels.

Il surmonte plusieurs des problèmes inhérents aux méthodes de contrôle de projet telles que celles utilisées dans l'Earned Value Management (EVM).

En plus d'être un outil utilisé pour gérer un projet individuel, le Fever Chart fournit également aux managers un excellent tableau de bord du portefeuille de projets, dont un exemple est illustré ci-dessous. Dans ce graphique, le dernier état de chaque projet est représenté par un seul point.

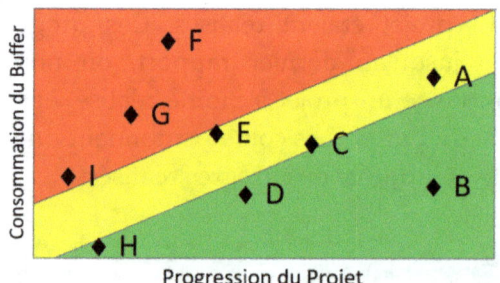

Le lecteur peut immédiatement voir que les projets F et G semblent être les priorités pour le soutien ou l'intervention, tandis que B n'a presque plus besoin d'attention.

# Gérer les projets à l'aide du CCPM

## Une alternative au Fever Chart

La plupart des logiciels CCPM utilisent le style diagonal du Fever Chart, comme dans nos images ci-dessus. Donc, si 30% du buffer est utilisé avec seulement 10% de progrès, alors le buffer est dans le rouge, ce qui indique un problème.

Une société majeure parmi les fournisseurs de logiciels pour le CCPM - Exepron - utilise une approche différente, remplaçant le Fever Chart par deux graphiques : *l'État du Projet* et *l'Alerte Précoce*.

Le rapport d'état du projet indique simplement la quantité de buffer utilisée: vert <33%, jaune de 34-67% et rouge, qui signifie que plus de 67% du buffer a été utilisé.

En soi, ce changement réduirait l'un des points forts du CCPM, la capacité de donner un avertissement précoce fiable des nouveaux problèmes et retards et de concentrer l'attention de la direction. C'est pourquoi les développeurs d'Exepron ont ajouté le diagramme d'alerte précoce, qui tient compte d'un éventail de facteurs qui peuvent influencer le risque d'un projet à l'achèvement à temps, et pas seulement la consommation du buffer.

Cela fournit les informations de gestion d'une manière différente, comme illustré ci-dessous. Donc, en utilisant notre exemple simple, si 30% du buffer était utilisé avec seulement 10% de progrès, alors que le buffer serait vert, il est très probable que le graphique d'alerte précoce montrerait le statut noir ou rouge (indiquant un problème).

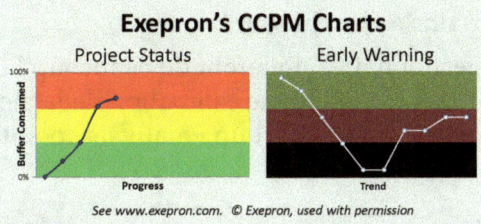

**Exepron's CCPM Charts**

*See www.exepron.com. © Exepron, used with permission*

# Gérer les projets à l'aide du CCPM

## Principes clés du CCPM

Le CCPM comporte beaucoup plus que ce que nous avons inclus dans ce petit livre. La section suivante résume les trois principes fondamentaux du CCPM et décrit ce qu'ils impliquent. Nous les avons inclus pour donner un aperçu de ce que comprend le CCPM et pour montrer qu'il ne s'agit pas seulement d'agréger les temps de sécurité.

Il existe de nombreux manuels excellents sur le CCPM si vous êtes intéressé à en apprendre davantage sur la méthode, et nous en avons énuméré plusieurs dans la Bibliographie.

### Principe n° 1 du CCPM : Les Buffers

**Les questions abordées :**

- La durée des tâches sur un projet est très imprévisible. Les estimations de tâches relatives à un projet traditionnel comportent des provisions pour aléas intégrées,
- Ces allocations sont souvent tellement confortables que les responsables de tâches ne se rendent même pas compte qu'elles sont là,
- Ces allocations ne sont pas du simple rembourrage - elles sont nécessaires lorsque des événements incertains se produisent :
- Les gestionnaires préfèrent de beaucoup la certitude, et voient une estimation de la tâche dépassée comme étant un «mauvais» point,

# Gérer les projets à l'aide du CCPM

- Les allocations de temps aux tâches pour faire face à l'incertitude constituent un gaspillage très important.

**L'approche CCPM :**

- La marge d'incertitude est rendue explicite dans le calendrier sous la forme d'un buffer,
- Les buffers sont des allocations de temps et d'argent au niveau du projet. La taille des buffers de projet peut être nettement inférieure à la somme des buffers invisibles intégrés dans les tâches d'un projet traditionnel. C'est pourquoi les programmes du CCPM peuvent être plus courts et les budgets moins onéreux,
- Les buffers sont censés être utilisés. Il n'y a pas de connotation négative à l'utilisation des buffers,
- La principale mesure de contrôle du projet est la gestion des buffers, où la quantité de buffer utilisée est comparée à la progression du projet. Un outil graphique simple (tel qu'un Fever Chart) fournit un avertissement précoce clair afin que les problèmes puissent être résolus tôt et facilement. C'est la raison pour laquelle les projets CCPM sont plus fiables,
- La gestion des buffers est utilisée pour gérer les projets individuels et les portefeuilles multi-projets.

## Principe n°2 du CCPM : Se focaliser

**Les questions abordées :**

- Les membres du personnel affectés à des projets ressentent des pressions pour exécuter des tâches en même temps (faire du multitâche), ou plus précisément pour passer d'une tâche à l'autre avant que la première ne soit terminée. Cette commutation de tâches (également appelée «mauvais multitâche») est très inefficace et c'est la raison principale pour laquelle les tâches et les projets prennent plus de temps que nécessaire,

- La pression pour afficher quelques progrès, et pour commencer dès que possible, même si vous pouvez manquer de toutes les pièces/informations/ressources pour accomplir une tâche, augmente la commutation de tâches. Les gens ont tendance à aimer être (ou paraître) occupés, donc à commencer autre chose pas encore prêt à démarrer quand la tâche qu'ils sont en train de traiter rencontre un problème,
- En raison de la sécurité cachée dans chaque estimation de tâche, les gens sentent intuitivement qu'ils ont plus qu'assez de temps pour chaque tâche, et qu'ainsi, afin de rester occupés, ils peuvent commencer deux tâches à la fois, croyant ainsi qu'ils font avancer le projet,
- Le manque de clarté dans les priorités, en particulier pour les équipes qui travaillent à plusieurs tâches ou projets, peut avoir pour résultat que parmi les chefs de projet ceux qui crient le plus fort obtiennent la priorité. Cela conduit à ce que des ressources, en essayant de contenter plusieurs personnes à la fois tentent de faire progresser plusieurs tâches à la fois,
- Les rapports d'avancement sont peu fréquents et souvent subjectifs, et de nombreux gestionnaires de projet ne voient l'image d'ensemble qu'une fois par mois (sans compter puis les données ont tendance à

## Gérer les projets à l'aide du CCPM

être recueillies au moins une semaine avant d'être publiées).

**L'approche CCPM consiste:**

- A minimiser le multitâche et la commutation des tâches,
- A ce qu'une fois qu'une ressource démarre une tâche, elle travaille 100% sur cette tâche jusqu'à ce qu'elle puisse passer à l'étape suivante, ou à une pause naturelle,
- A ce que le projet soit exécuté comme une course de relais - les tâches étant le bâton. Quand le bâton arrive à vous, vous partez et allez aussi vite que vous le pouvez jusqu'à ce que vous le passiez à la prochaine personne,
- A ce que chaque tâche dans les plannings CCPM commence le plus tard possible, tout en permettant une sécurité suffisante pour terminer le projet à temps,
- A ce que la gestion des buffers fournisse un signal clair de priorité à tout le personnel du projet quant à la tâche à accomplir - cela contribue à éviter le chaos causé par la priorisation basée sur «celui qui crie le plus fort»,
- A ce que les durées des tâches soient des estimations, pas des engagements ou des promesses. Si des problèmes surviennent, une tâche piochera dans le buffer. Si une tâche se termine plus tôt, la tâche successeur commencera aussitôt qu'elle le peut,

## Gérer les projets à l'aide du CCPM

- A ce qu'il y ait une forte orientation de la direction sur le «full-kitting»[18], qui garantit que tout ce dont on a besoin pour accomplir une tâche est disponible avant de commencer. Les projets CCPM consacrent souvent des ressources à ce rôle,

- A ce que les rapports d'avancement soient effectués fréquemment (généralement au moins une fois par semaine), en utilisant un processus très simple. Cela garantit que le processus de gestion des buffers et les Fever Charts soient à jour et que toutes les actions correctives puissent être rapidement mises en œuvre. Les problèmes sont identifiés et résolus quand ils sont petits.

### Principe n°3 du CCPM : Le Pipeline

**Les questions abordées**

- Beaucoup d'organisations exécutent trop de projets en parallèle, Elles pensent que «plus vous en démarrez, plus vous en terminerez». Aussi contre-intuitif que cela puisse paraître, afin de maximiser l'achèvement du projet, et de minimiser les durées, vous devez limiter le nombre de projets en cours,

- Il s'agit d'un problème particulier en raison des ressources clés qui sont partagées entre les projets. Les projets d'investissement lourd ont généralement moins de problèmes avec les ressources partagées que les autres types de projets, car les membres de l'équipe du projet sont majoritairement dédiés à

---

[18]NDT : Le full-kitting – le kit complet - consiste à s'assurer que tous les ingrédients nécessaires à l'exécution de la tâche sont disponibles ou le seront en temps utile

## Gérer les projets à l'aide du CCPM

100% à un seul projet. Néanmoins, les ressources clés telles que les top managers qui supervisent et donnent les approbations clés sont partagées entre les projets. En outre, les entreprises ont généralement un réservoir limité de chefs de projet de confiance, qui devient surchargé si l'organisation prend trop de projets,

- Un trop grand nombre de projets en cours conduit au mauvais multitâche, ce qui entraîne un retard dans l'efficacité,
- Il est extrêmement complexe de synchroniser et planifier toutes les ressources de tous les projets, compte tenu notamment de la variabilité de la durée réelle des tâches. En pratique, la planification et la gestion des ressources à l'échelle de l'entreprise ne sont pas réalisées.

**L'approche CCPM :**

- Le CCPM intègre un processus structuré pour optimiser le nombre de projets en cours. Il gère le portefeuille uniquement en fonction de la disponibilité de vos ressources clés. Cela garantit que ces éléments de votre entreprise ne sont pas surchargés ou sous-chargés,
- Les projets qui pourraient être lancés sont retenus jusqu'au bon moment, lorsque le nouveau projet peut être exécuté sans délai,
- Vous n'aurez qu'un ou deux types de ressources qui sont «clés» - c'est-à-dire leur capacité disponible est un facteur limitant la capacité de l'organisation entière,

## Gérer les projets à l'aide du CCPM

- Acceptez que de nombreuses ressources aient une capacité inutilisée. Ce n'est pas du gaspillage, cela vous permet de vous concentrer sur un ou deux types de ressources dont la capacité est limitée. Un système où toutes les ressources fonctionnent à près de 100% de leur capacité est extrêmement instable et presque ingérable,
- Les projets doivent être séquencés en fonction de la disponibilité des ressources clés c.-à-d. des ressources que vous autorisez à se concentrer sur un projet à la fois. Un buffer de temps de ressource stratégique est utilisé pour minimiser l'impact du retard dans le travail de la ressource clé sur les projets suivants,
- La philosophie est « terminez un projet avant de commencer un nouveau projet »

Beaucoup de mises en œuvre du CCPM réduisent le pipeline en premier stoppant immédiatement au moins 30% des projets en cours. Ce mouvement contre-intuitif a habituellement un impact dramatique - moins de projets travaillés signifie une augmentation significative du taux de projets achevés. Une importante entreprise japonaise d'électronique pour la santé a arrêté plus de 90% des projets de développement interne lors de la mise en œuvre du CCPM, ce qui a entraîné une augmentation de 400% du taux d'achèvement des projets en quelques mois.

## Impact sur la Bottom Line (le résultat final)

Le CCPM peut sembler banal, juste une collection de bonnes pratiques simples, que «nous faisons informellement». Ne vous trompez pas. Il existe plusieurs caractéristiques qui sont radicalement différentes de la pratique courante d'aujourd'hui.

Même pour les pratiques qui sont utilisées par les meilleurs gestionnaires de projet d'aujourd'hui, il y a toujours avantage à les formaliser à travers l'utilisation du CCPM. Les pilotes d'avions et le personnel hospitalier utilisent des check-lists écrites de «bonnes pratiques simples». Malgré leur expertise et le nombre de fois où ils ont répété un processus donné, il peut arriver qu'ils oublient quelque chose quand cela importe le plus[19]. Les gestionnaires de projet ne sont pas différents et le CCPM intègre formellement les bonnes pratiques dans chaque projet et dans la formation des gestionnaires de projet. Cela entraîne de la cohérence et de la qualité.

Le CCPM fonctionne ! Les projets sont livrés à l'heure en moins de temps. Ils coûtent moins cher en réduisant les gaspillages et ils améliorent la qualité en réduisant les erreurs dues au multitâche et aux changements.

Les entreprises adoptant CCPM ont rapporté des réductions dans la durée des projets de 25 à 50%. Ils ont prétendu que les mêmes ressources ont été en mesure de faire plus de projets, à des niveaux de stress beaucoup plus faibles. Ces améliorations ont entraîné une augmentation

---

[19] Ce sujet est abordé en profondeur dans l'excellent livre d'Atul Gawande "The Checklist Manifesto".

de la rentabilité tant pour les clients du projet que pour les fournisseurs du projet.

Le CCPM n'est pas seulement une autre façon de gérer les projets, c'est une façon significativement meilleure que les autres. Regardez les entreprises énumérées à la page 33. Avant de mettre en œuvre le CCPM, ils pensaient qu'ils étaient de bons gestionnaires de projet et bon nombre d'entre eux ne pensaient pas qu'ils avaient un problème majeur avec les projets. Ils ont encore fait des améliorations rapides et durables grâce à la mise en œuvre du CCPM.

## Pourquoi alors le CCPM n'est-il pas utilisé davantage dans les projets d'investissements lourds ?

Presque tous les succès dans l'utilisation du CCPM l'ont été sur des projets où la plupart de l'équipe de projet travaillait pour une seule organisation, et il a été relativement facile d'établir une équipe projet collaborative et de mettre en œuvre des buffers de temps et de coûts partagés. Il est également plus facile de contrôler le multitâche avec des ressources partagées qui, traditionnellement, ont été sous pression pour soutenir un trop grand nombre de projets différents en même temps.

Mais lorsque la majorité du travail est effectuée par des entrepreneurs extérieurs, comme c'est le cas avec les projets d'investissements lourds, les choses ne sont pas aussi faciles. Afin d'exploiter le CCPM, l'équipe projet doit être formée à l'aide d'un processus commercial qui encourage et récompense la collaboration de toute l'équipe et supprime toute incitation pour les entrepreneurs et les fournisseurs à se concentrer davantage sur leur propre succès que celui du projet. Cela implique de repenser les approches contractuelles traditionnelles utilisées pour les projets d'investissements lourds.

Vous pouvez contourner ce problème en payant juste les entrepreneurs à partir d'un taux quotidien pour la quantité de temps où ils travaillent sur le projet. Bon nombre des utilisations réussies du CCPM sur les projets d'investissements lourds ont pris cette approche, le client ayant un rôle pratique dans la mise en œuvre du CCPM et la gestion des ressources.

Mais que faire si vous voulez utiliser l'expertise professionnelle des entrepreneurs et des fournisseurs, et obtenir plus d'eux que des organismes simplement prêts à suivre vos instructions?

Le chapitre suivant explique comment cela peut être réalisé.

# Chapitre 3

# Contrats Collaboratifs & Alliances Projet

> « C'est incroyable ce que vous pouvez accomplir si vous ne vous souciez pas de qui en obtient le crédit. »
>
> Harry S Truman

**Les contrats collaboratifs dans la pratique:**

- Une entente collaborative entre le ministère de l'Énergie du gouvernement des États-Unis et la joint-venture Kaiser-Hill *a permis d'économiser 30 milliards de dollars et a achevé un projet 65 ans plus tôt.*[20]

- L'initiative CRINE des industries du pétrole et du gaz au Royaume-Uni dans les années 90 a considérablement amélioré la performance des grands projets, en réduisant les coûts d'investissement jusqu'à 30% et en *réduisant les durées jusqu'à la moitié.*[21]

---

[20] Vitasek & Manrodt (2012)
[21] CRINE (1994)

## Contrats Collaboratifs & Alliances Projet

- BP a adopté la démarche de contractualisation collaborative utilisée par CRINE en Australie. Au cours des années 2000, elle est devenue l'une des principales méthodes de passation de contrats du secteur public australien. Entre 2003 et 2008, elle a servi à financer *des projets d'infrastructure de plus de 26 milliards de dollars.*[22]
- En 1995, la société chimique Rohm and Haas a réalisé un important projet au Royaume-Uni. Leur usine n'avait jamais eu à concourir sur un projet d'une telle taille, et un tel budget. En travaillant en collaboration avec deux entreprises partenaires fournisseurs, le projet a été réalisé à temps et en deçà du budget, ce qui *a permis d'économiser environ 5 millions de dollars.*[23]
- Aux États-Unis, l'Institut de l'Industrie de la Construction a passé en revue des centaines de projets de construction au début des années 1990. Ceux qui utilisaient des approches de contrats collaboratifs étaient en moyenne *10% moins chers et 20% plus rapides* que les approches moins collaboratives.[24]

La plupart des projets d'investissement ont une préférence pour les contrats à prix fixe. C'est considéré comme le meilleur moyen de gérer le risque et l'incertitude et d'éliminer la crainte d'être exploité par des fournisseurs et des entrepreneurs peu scrupuleux qui, une fois sélectionnés

---

[22] Gouvernement australien (2011)
[23] Expérience personnelle de Ian qui a participé au projet
[24] CII (1996)

et intégrés au projet, facturent au client tout ce dont ils peuvent en tirer.

Si vous voulez profiter du CCPM, ce que nous croyons que vous devriez faire pour tous vos projets, alors les contrats à prix fixes ne sont pas la bonne façon de procéder.

Même si vous n'utilisez pas le CCPM pour vos projets, les prix fixes ne sont toujours pas la meilleure approche commerciale à utiliser pour les contrats plus complexes mis en place sur les projets d'investissements lourds[25]. La raison principale de l'utilisation des prix fixes est de réduire les risques de mauvais résultats du projet - un but louable. L'ironie est qu'ils ont en réalité l'effet inverse. L'incertitude des coûts et du calendrier augmentent, et l'investissement et l'affaire dans leur ensemble sont potentiellement minés. C'est ce qui en augmente le plus le coût total.

Dans cette section, nous présenterons l'approche *Alliance Projet*, une approche «collaborative» ou «relationnelle», qui peut aider à surmonter plusieurs des inconvénients des approches commerciales les plus courantes utilisées pour les projets d'investissement. Les Alliances Projet ont été utilisées avec succès dans un large éventail de projets, apportant plusieurs avantages par rapport aux approches contractuelles les plus traditionnelles.

---

[25] Nous ne sommes pas contre les contrats à prix fixe en tant que tels. Lorsque vous achetez des services et des matériaux bien définis, plus simples, ils ont beaucoup de sens. C'est sur les contrats où il y a beaucoup d'incertitude et de complexité que nous remettons en cause leur adéquation.

## Contrats Collaboratifs & Alliances Projet

Mais avant de parler d'Alliances Projet nous devrions expliquer comment des prix fixes peuvent causer des problèmes.

### Le problème n°1 des prix fixes : la mutualisation des risques

L'un des principaux problèmes liés à l'utilisation de contrats à prix fixe a été souligné dans le chapitre précédent, avec l'idée d'une mutualisation des risques.

Mathématiquement, le meilleur endroit pour tenir compte de l'incertitude inhérente à un projet se situe au niveau du projet. Vous aurez besoin d'une plus petite allocation globale si vous n'attendez pas que la charge de travail de chaque entrepreneur couvre le coût de l'incertitude et la variation.

Les prix fixes exigent que les entrepreneurs tiennent compte de toute la variabilité qui pourrait résulter des travaux dont ils sont responsables. Certains entrepreneurs auront besoin de cette allocation, d'autres ne le feront pas et, globalement, il y aura plus d'imprévus inclus dans les contrats que ce qui est réellement requis dans l'ensemble du projet.

Ce n'est pas un montant trivial. Dans le chapitre précédent, nous avons décrit comment les projets ont peuvent réduire d'au moins 25 % le temps et les ressources nécessaires en gérant l'incertitude au niveau du projet.

Sur les projets, le temps c'est de l'argent, donc si 40% du coût du projet sont constitués par des ressources, la réduction des coûts due au CCPM seul sera de 10%.

Si l'on additionnait les autres coûts imprévus que les entrepreneurs doivent prendre en compte en soumissionnant des offres à prix fixe, il pourrait facilement y avoir une réduction supplémentaire de 8 à 15%, uniquement en regroupant la provision pour incertitude au niveau du projet et non pas avec chaque tâche ou chaque contrat individuel.

Cela signifie que les entrepreneurs pourraient incorporer une prime de 18 à 25% pour consentir à avoir des engagements fixes de coûts et de temps avec les titulaires des lots de travaux.

Dans une simulation que nous avons effectuée, sans faire d'hypothèses déraisonnables, nous avons démontré qu'un projet pourrait payer une prime de 40%, simplement en mettant l'accent sur des prix fixes plutôt que sur le remboursement des coûts réels. Vous pouvez voir une courte présentation de cet exemple sur YouTube (https://www.youtube.com/watch?v=lO0jUyhrOi4).

### Note sur les imprévus du projet.

De nombreux projets prévoient déjà des coûts supplémentaires dans le budget du projet. Ces provisions sont généralement utilisées pour les risques les plus importants qui ont été identifiés au cours de la phase de planification. Une provision qui est inférieure à la somme des coûts pour résoudre chaque risque

## Contrats Collaboratifs & Alliances Projet

individuellement est inclue dans le budget. Le chef de projet peut alors allouer ce budget aux tâches qui en ont besoin.

Les principes que nous proposons utilisent exactement la même idée, mais en étendent la portée.

Une provision pour imprévus traditionnelle protège contre des événements importants ayant une faible probabilité individuelle. Nous suggérons qu'il est logique pour vous d'y inclure également le grand nombre d'autres variations qui existent sur les projets réels, des événements qui sont typiquement mis à la charge des entrepreneurs pour qu'ils les gèrent, et qui sont incorporés dans les prix fixes. De façon similaire à la provision pour coûts pour le buffer de ressources utilisé par le CCPM, le buffer de coûts pourrait couvrir les variations des prix des matériaux achetés et des contrats de sous-traitance, les salaires, les dommages inexpliqués, les erreurs d'exécution et les reprises de travaux.

### Que faire si le client utilise un seul entrepreneur ?

Si vous êtes un client qui contracte avec un seul entrepreneur, vous pouvez penser que vous évitez que le surcoût que les autres entrepreneurs incluent pour leur propre temps et l'incertitude de leurs coûts. Mais, sauf si votre entrepreneur gère de manière similaire au BPM, ce n'est pas le cas.

Il est beaucoup plus probable que l'entrepreneur/contractant principal gèrera le projet de manière conventionnelle et reportera la gestion de l'incertitude par le biais de la Work Breakdown Structure[26], soit sur son propre personnel, soit sur les sous-traitants qu'il utilise. C'est ce qu'on appelle couramment le «déchargement du risque», où les fournisseurs situés en aval

---

[26] Le Work Breakdown Structure, ou WBS, est une représentation hiérarchique de tous les différents lots de travaux composant un projet.

dans la supply chain doivent gérer toute une gamme de risques et d'incertitudes.

La coordination entre les différents sous-traitants requiert des efforts considérables, ajoutant du coût et du temps à l'estimation du contractant principal et, à leur tour, aux prix qu'ils proposent.

L'approche BPM est tout aussi applicable à un seul entrepreneur principal qu'à un client qui gère son propre projet. Ce sujet est traité plus en détail au chapitre 5 - Mise en œuvre.

## Le problème n°2 des prix fixes : Les modifications et les réclamations

C'est un truisme généralement accepté dans le monde des contrats que vous enchérissez pour gagner, et faites de l'argent avec les modifications.[27]

L'appel d'offres à prix fixe encourage ce comportement, en particulier lorsqu'il est associé à ce que l'on appelle un «contrat traditionnel», où le client engage un architecte ou un bureau d'études pour élaborer un modèle permettant d'obtenir des soumissions à prix fixe auprès d'entrepreneurs concurrents. Cette approche en trois étapes

---

[27] Ce n'est pas seulement un problème dans les contrats de projets capex et de construction. Les auteurs Brown, Potoski et Van Slyke mettent en évidence cette question à la section 6 de "Complex Contracting: Government Purchasing in the Wake of the US Coast Guard's Deepwater Program" (Cambridge University Press, 2013).. Les auteurs discutent également des avantages des contrats collaboratifs pour des contrats complexes.

est également appelée « étude-offre-construction »-(en anglais design-bid-build).

Les documents d'appel d'offres pour les offres à prix fixe sont habituellement détaillés et complexes. Ils comportent souvent des erreurs et des omissions, d'autant plus qu'ils n'ont pas été préparés avec une contribution significative des experts de la construction (c.-à-d. des entrepreneurs). Un entrepreneur qui veut gagner l'affaire, n'est pas encouragé à dire au client quelles sont les «erreurs» au cours de la phase d'appel d'offres, car le client corrige simplement les erreurs, pour tous les soumissionnaires. Le soumissionnaire qui passe du temps à examiner la proposition et à repérer de telles erreurs est ainsi pénalisé dans le processus de sélection, car tout concurrent moins capable en sera informé gratuitement.

Que faire si le soumissionnaire a énuméré toutes les erreurs dans l'offre, et a donné une cotation qui permettait de les surmonter? Premièrement, en général, les consultants en conception et les architectes n'aiment pas que les entrepreneurs attirent l'attention sur leurs erreurs, de sorte qu'il y a un grand risque que leur offre soit rejetée pour une quelconque «raison technique»[28]. Même si une soumission

---

[28] En 1993, en travaillant dans une entreprise chimique mondiale, Ian a entendu pour la première fois les termes «d'obéissance malveillante» de la bouche d'un petit entrepreneur britannique, qui les utilisait pour décrire son comportement en tant que petit sous-traitant ! Il en savait beaucoup plus que ce qui avait été spécifié dans l'appel d'offres, mais il avait gardé le silence et avait fait ce que nous lui avions demandé. Il avait appris à ses dépens que les ingénieurs qualifiés n'appréciaient vraiment pas qu'un petit sous-traitant leur dise quoi faire!

passe l'évaluation technique, il y a toujours le risque qu'elle produise un prix plus élevé.

Le directeur général d'une société de construction britannique nous a dit ceci :

> «Notre prix était d'environ 32 millions de livres sterling, et notre soumission comprenait une liste de raisons pour ce prix, la correction d'une grande partie des spécifications remplie d'erreurs (de nombreuses exigences étaient contradictoires entre elles, certaines étant réellement impossibles à réaliser). Le prix retenu a été de 14 millions de livres sterling - moins de la moitié de notre prix. Le coût de l'exécution finale pour le travail a été quasiment de 45 millions de livres sterling. Trois fois plus que l'enchère « à prix fixe » retenue, et 34% de plus que notre enchère à prix fixe que le client considérait comme «bien au-dessus ».

Gérer des modifications sur un contrat peut employer presque autant de personnes que la gestion du travail à faire ! Tout cela ajoute au coût et augmente considérablement le temps d'achèvement du projet. Il n'est pas rare de passer plusieurs années après l'achèvement physique des projets pour se mettre d'accord sur le décompte final.

## Le problème n°3 des prix fixes : Ils rallongent la durée du projet

Le processus d'enchères typique décrit dans la section précédente gaspille un temps précieux du projet.

Le volume des documents d'appel d'offres types pour un contrat à prix fixe (qu'ils soient les «traditionnels» design-bid-build ou design-and-build), ont tendance à se mesurer en nombre de classeurs plutôt qu'en pages. Pour les lecteurs plus jeunes qui n'ont vu que des appels d'offres électroniques, je suppose que nous devrions parler de giga-octets plutôt que de kilo-octets.

Puisque la conception a été développée sans la contribution d'experts en construction à la pointe du progrès, la plupart des projets attendent de l'entrepreneur choisi de revoir la conception, et de suggérer des changements. Il en résulte des efforts répétés et du temps perdu. Le processus est même intégré dans le calendrier comme «ingénierie des valeurs» ou «re-engineering»[29]. Ce qui signifie en pratique de passer du temps à faire l'étude à nouveau pour arriver à faire bien.

Cela peut être surmonté dans une certaine mesure en incluant un consultant en construction dans le processus de conception, mais cela ajoute au coût puisque vous pourriez obtenir «gratuitement» l'expertise de construction de l'entrepreneur que vous avez choisi. Un autre inconvénient potentiel est que cela pourrait réduire le buy-in (l'appropriation) de la conception par les entrepreneurs impliqués.

---

[29] Au Royaume-Uni, «re-engineering» est le terme souvent utilisé par les entrepreneurs pour désigner le processus pour trouver ce qui peut être modifié et livré à moindre coût, afin de tirer davantage de profit du contrat. Certains changements nécessiteraient l'approbation du client, alors que beaucoup resteront inconnus de ce dernier. La plupart sont des solutions de rechange parfaitement acceptables, mais de temps en temps ce sont des chemins de traverse qui ne sont pas conformes aux spécifications.

Cela signifie que le processus de conception avant contrat est plus axé sur la production de quelque chose qui peut être mis en concurrence, plutôt que sur le fait de trouver la meilleure solution pour répondre aux exigences globales du client. La conception est faite deux fois, et une fois que l'entrepreneur est choisi, vous avez la tension commerciale découlant du contrat, ce qui peut faire obstacle à un partage complet et ouvert des idées. Dans l'ensemble, cela gaspille du temps, coûte plus cher et tend à produire une conception sous-optimale.

Le deuxième gaspillage de temps est le processus de sélection lui-même. Tous les détails de l'appel d'offres doivent être lus par les soumissionnaires, puis utilisés pour préparer leurs offres. Les entrepreneurs préparent rarement des offres en utilisant seulement leur propre base de données d'estimation ; ils obtiennent des sous-traitants qu'ils fassent les estimations pour eux, quand ils émettent des appels d'offres à leur tour. Les sous-traitants sollicitent ensuite d'autres offres auprès de fabricants et d'autres sous-traitants spécialisés. Tout cela signifie que l'on peut prendre des mois pour produire une soumission à prix fixe.

Une fois les soumissions reçues, elles doivent être lues (et la plupart des offres à prix fixe ne sont pas des documents courts), des réunions de clarification doivent être organisées, des listes de sélection doivent être préparées et des négociations doivent avoir lieu ... Tout au long de semaines et de mois. Pendant ce temps, les semaines et les mois passent et le temps s'enfuit.

Et le temps c'est de l'argent.

L'équipe de base du projet doit encore être payée. Plus la durée du projet est longue, plus le ROI (retour sur investissement) est bas. Et pire encore, si votre nouvel investissement est nécessaire pour profiter d'une opportunité de marché, vous perdez des mois de revenu et de marge brute.

Vous pouvez aussi continuer avec le processus de conception détaillée lors de la sélection de l'entrepreneur. Cela signifie que vous devrez continuellement redéfinir la conception et permettre également aux entrepreneurs de mettre à jour leurs propositions au cours du processus de sélection. Tout cela ajoute aussi du temps.

Et tout cela pourquoi? Pour choisir un entrepreneur dont vous savez que le prix de l'offre ne sera pas le prix du projet final ![30]

De plus, tout ce temps perdu a également coûté au client pour payer les personnes qui préparent et analysent les offres. Ce ne sont pas seulement les consultants directs qu'ils emploient, mais aussi ceux qu'ils paient

---

[30]Certains clients prennent une attitude très agressive pour en changer une fois le contrat signé - "Non!" est leur réponse.de base.
Mais pensez à cela : avez-vous des entrepreneurs qui sont de riches idiots ou des organismes de bienfaisance dont le rôle est de donner de l'argent au client, ou les soumissionnaires incluront-ils une sécurité pour tenir compte des changements et des tracas?
Si un entrepreneur vous a vraiment donné un prix bas, il ne devrait pas pouvoir se permettre de traiter les changements qui encourent des coûts. Nous sommes conscients des situations où les entrepreneurs sont récompensés pour avoir accepté des changements "sans frais", en étant autorisés à " gagner "d'autres travaux à prix fixe pour compenser. Quoi qu'il en soit le client paie!

indirectement. Préparer des offres à prix fixe prend beaucoup de temps et de ressources dans l'industrie. Le corollaire pou des clients obtenant cinq devis concurrentiels est que les entrepreneurs préparent cinq offres pour seulement en gagner une - 80% des offres ne génèrent aucun revenu. Toutes ces offres prennent du temps et coûtent de l'argent. C'est ce coût qui est inclus dans les frais généraux des fournisseurs et des fournisseurs de fournisseurs, et qui est finalement récupéré auprès des clients!

## Le problème n°4 des prix fixes : ils réduisent la qualité du projet

Bien que ce qui est exposé au n° 3 ci-dessus concerne le temps et l'argent dépensés dans les appels d'offres à prix fixe, il y a une autre conséquence potentiellement plus sérieuse qui doit être notée : la qualité est inférieure.

Si la conception initiale (utilisée à des fins de sélection) se fait avec de faibles niveaux d'expertise opérationnelle à la pointe du progrès, il y a une probabilité significative qu'elle contienne des erreurs et soit plus difficile à réaliser. Tous les travaux supplémentaires engagés une fois que les entrepreneurs ont été sélectionnés introduisent une plus grande probabilité d'erreurs si les conséquences de ces changements ne sont pas très soigneusement gérées et communiquées.

## Le problème n° 5 des prix fixes : Ils inhibent la collaboration

La plupart d'entre nous comprend intuitivement comment les équipes collaboratives produisent de meilleurs résultats que des individus isolés, quels que soient le talent et les aptitudes de l'individu. Comme l'a dit Jim Collins dans son livre best-seller « *Good To Great* », si vous faites monter « les bonnes personnes dans le bus », vous aurez alors beaucoup plus de chances de succès.

L'auteur de best-sellers, Patrick Lencioni, souligne cinq problèmes clés qui peuvent empêcher une équipe de réaliser une bonne performance[31]:

1. L'absence de confiance,
2. La peur des conflits (et l'existence d'une harmonie factice),
3. Le manque d'engagement (pour les actions convenues),
4. Le refus de la responsabilité (ne pas appeler les autres membres de l'équipe à rendre compte et accepter que les autres membres fassent selon leur propre choix,
5. L'inattention aux résultats (sans objectifs communs à l'équipe, chaque membre de l'équipe a ses propres objectifs indépendants).

---

[31] Dans "The Five Dysfunctions of a Team" - *Les cinq dysfonctionnements d'une équipe-. Un résumé peut être trouvé sur le site Web de Lencioni*
 http://www.tablegroup.com/books/dysfunctions

## Contrats Collaboratifs & Alliances Projet

La façon dont les entrepreneurs des projets d'investissements lourds sont engagés encourage beaucoup de ces dysfonctionnements - sinon tous. Cela réduit la probabilité de succès.

### Les contrats entrent en jeu

Nous ne traiterons pas ici les cinq dysfonctionnements pointés par Lencioni. Nous nous concentrerons uniquement sur la façon dont le processus de sélection et de passation des marchés peut constituer un obstacle à une véritable collaboration entre les membres de l'équipe[32]. Cela se rapporte à ce que Lencioni appelle «l'inattention aux résultats» - le 5ème dysfonctionnement - lorsque les membres de l'équipe se concentrent sur leurs propres résultats individuels, plutôt que sur le but partagé de l'équipe.

La plupart des projets d'investissement présente ce dysfonctionnement[33]. Cela se produit chaque fois qu'un entrepreneur peut réussir à obtenir un contrat gagnant

---

[32] Nous disons «une véritable collaboration» pour montrer que nous ne voulons pas dire juste une façon de parler ou des faveurs entre personnes. Une équipe collaborative est celle qui n'a aucun des dysfonctionnements notés par Lencioni, où les membres de l'équipe vont travailler ensemble pour atteindre l'objectif commun et dont leurs propres objectifs locaux sont subordonnés à l'objectif global du projet

[33] Bien sûr, ce n'est pas seulement sur les projets capex, où divers membres de l'équipe ont des objectifs et des mesures différents. Cela se produit également au sein d'une seule organisation, où les top-managers croient à tort que vous pouvez gérer une organisation complexe avec une série d'objectifs et de mesures fonctionnels indépendants.

Le Guide Managérial du
Breakthrough Project Management

(rentable) avec succès, même si le projet global échoue. Cela arrive aussi quand un entrepreneur en tire un profit, tandis qu'un autre subit une perte, ou lorsque le client a un projet réussi, mais que les entrepreneurs souffrent financièrement.

Ce dysfonctionnement alimente les autres - comment pouvez-vous développer une confiance profonde entre les membres lorsqu'ils sont mesurés et récompensés différemment? Un intérêt de pure forme est porté à des objectifs communs et aux chartes de projets non contractuelles parce qu'ils ne sont pas suivis de conséquences financières. Pourquoi soulever une question potentielle ou suggérer une amélioration simple, quand vous pouvez faire plus d'argent en permettant au problème de se développer, et de recevoir une commande supplémentaire ou une prolongation de délai ?

La plupart des projets d'investissements lourds préfèrent se procurer les services d'entrepreneurs avec un contrat à prix fixe. L'alternative la plus courante est une forme de remboursement du travail fourni ou du temps consacré, sur la base de prix unitaires pré-convenus. La préférence pour les prix fixes est particulièrement forte avec les entrepreneurs impliqués dans les étapes ultérieures; ceux qui construisent le projet et en fournissent les principaux éléments.

Ces mécanismes de paiement ont leur raison d'être sur les projets, mais ils causent également de graves dommages. Vous pouvez payer trop, et ils peuvent retarder le projet.

## Contrats Collaboratifs & Alliances Projet

Les contrats à prix fixe (somme forfaitaire):

- Ajoutent plus de temps au calendrier du projet.
- Augmentent habituellement le coût du projet.
- Découragent la collaboration entre les membres de l'équipe projet, ce qui entraîne une mauvaise conception et un planning encore pire.
- Empêchent l'utilisation du CCPM.

Il existe des façons de contourner ces problèmes, par exemple en recourant à des contrats avec remboursements simples avec les principaux prestataires de services et les sous-traitants du projet, et en les gérant de façon pratique. C'est souvent une solution facile et rapide pour un projet qui souhaite bénéficier du CCPM.[34]

Cependant, cette approche exige une quantité importante de ressources internes du client du projet, et même ceux qui l'ont utilisée préfèrent engager les entrepreneurs pour leur expertise, plutôt que comme de simples exécutants prêts à suivre leurs directives. Elle décourage également les entrepreneurs de contribuer par des idées, surtout si elles peuvent réduire le temps où ils sont payés.

---

[34] Les auteurs ont parlé à des personnes impliquées dans un établissement hospitalier aux États-Unis, ainsi qu'à d'importants projets de mise en œuvre de SAP qui ont réussi à utiliser cette approche.

## Contrats Collaboratifs & Alliances Projet

### Équipes de contrats collaboratifs

Au début des années 1990, l'US Construction Industries Institute a mené une vaste enquête comparant les résultats de projets gérés traditionnellement avec ce qu'ils appelaient des «partenariats de projet», basés sur une seule équipe de projet intégrée (CII, 1996).

Les résultats des équipes de projet collaboratives ont livré des projets avec:

- 10% de réduction du coût total,
- 25% en plus de rentabilité des fournisseurs,
- 20% de durées plus courtes et moins de changements,
- des performances de sécurité beaucoup plus élevées (avec par exemple une amélioration des pertes de temps liées un meilleur taux d'accidents),
- une réduction de 50% des travaux à refaire,
- une réduction de 83% des sinistres,
- une augmentation de 30% de la satisfaction au travail.

À la même époque, d'autres sont arrivés à la même conclusion - une équipe intégrée, travaillant en collaboration, produit de meilleurs résultats. (Voir Latham, 1994, Egan, 1998, CRINE, 1994, et le Lean Construction Institute, créé en 1997 (www.leanconstruction.org)).

20 ans plus tard, la collaboration sur les projets d'investissements lourds n'est toujours pas devenue la norme, et les organisations sont encore aux prises avec le

dilemme que, bien que l'idée semble bonne, il est difficile de voir comment la faire fonctionner. De nombreuses tentatives de collaboration ont échoué à fournir des avantages significatifs, et elle est souvent considérée comme difficile et coûteuse à mettre en place, sans parler de sa nature à long terme. Ce sont des considérations particulièrement importantes car les entreprises ont besoin de résultats à court terme.

Plutôt que de diminuer notre croyance dans le potentiel de la collaboration de projet, cela souligne combien il est important de le faire de la bonne manière.

## Alliances Projet et équipes de projets intégrées
L'Alliance Projet est une forme de contrat collaboratif qui harmonise les intérêts financiers du ou des entrepreneurs qui travaillent sur le projet avec ceux du client du projet. C'est un exemple de ce qu'on appelle aussi un «contrat relationnel».

L'Alliance Projet comme approche contractuelle, est devenue prééminente au Royaume-Uni, dans le cadre de l'initiative pour l'industrie du pétrole et du gaz CRINE au début des années 1990. L'Alliance était un élément clé du programme d'amélioration qui a conduit à des projets livrés dans la moitié du temps, pour les deux tiers du coût d'un projet plus traditionnel (CRINE, 1994).

L'Alliance Projet présente de nombreuses similitudes avec l'IPD (Integrated Project Delivery) et le Project Partnering, termes utilisés par le mouvement Lean Construction et par l'Institut de l'Industrie de la Construction (CII).

Bien que l'Alliance, lorsqu'elle est mise en œuvre correctement, améliore considérablement la performance des projets, elle n'a pas été largement adoptée, contrairement à ce que nous pensions.

Au cours des dernières années, l'un des plus grands utilisateurs des Alliances Projet a été le secteur public en Australie, où l'Alliance Projet est devenue une approche traditionnelle, en particulier pour les projets complexes.

L'Alliance Projet a commencé à être utilisé en Australie sur les projets d'investissement en pétrole et en gaz dans les années 1990. À la fin des années 1990, son utilisation s'est étendue au secteur public. Au cours des années 2000, l'Alliance Projet est devenue une stratégie de grande envergure utilisée pour la réalisation de grands projets d'infrastructure, tant en Australie qu'en Nouvelle-Zélande. Entre 2004 et 2009, des projets d'infrastructure d'une valeur de plus de 26 milliards de dollars (près de 30% de l'investissement total dans l'infrastructure) ont été exécutés en Australie au moyen d'Alliances Projet (State of Victoria, 2009)[35].

Une Alliance Projet est formée par un client et un ou plusieurs entrepreneurs/fournisseurs (désignés ici comme

---

35 Cet audit du gouvernement a également établi que, dans tous ces projets, il n'y avait pas de différends ayant exigés un règlement externe (et donc coûteux). À notre avis, cela n'a pas de précédent et serait une raison en soi d'utiliser l'Alliance - une économie importante de temps et de coût.

des membres de l'offre). Chaque membre de l'offre doit avoir un rôle assez important pour influencer le résultat global du projet, ce qui signifie que dans la plupart des cas, les petits fournisseurs ne sont pas membres de l'Alliance.[36] Une Alliance Projet a -généralement- entre deux et sept membres, le client y compris.

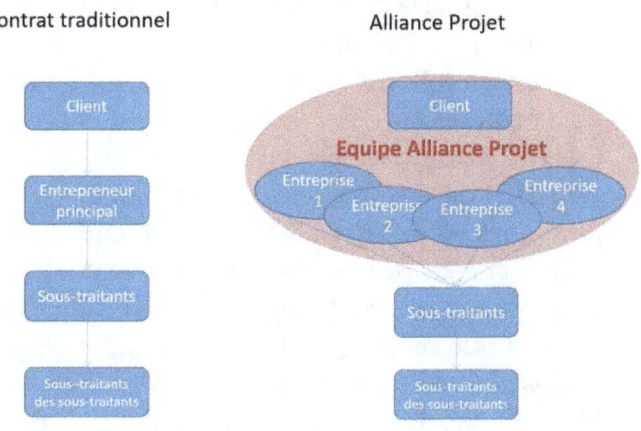

Le «client» dans l'Alliance Projet ne doit pas nécessairement être l'organisation qui prendra possession de l'actif une fois fini, bien que ce soit la situation la plus courante. Elle peut être utilisée par un entrepreneur principal en conception et construction ou EPC[37] qui est le

---

36 Une exception à cela pourrait être faite avec des consultants en gestion de projet, qui, même si leur proposition pourrait avoir une faible valeur monétaire, ont un impact sur le projet important.
[37] EPC = Engineer – Procure – Construct (Etudier- Acheter- Construire).

seul fournisseur du client et qui utilise les principes de l'Alliance Projet avec sa supply chain.

Les facteurs critiques de succès d'une Alliance Projet sont les suivants[38]:

1. Une équipe intégrée, dont les membres sont choisis en fonction de la compétence et de « la meilleure personne pour le rôle » ;
2. Un partage collectif des risques et des opportunités par l'équipe ;
3. Des termes contractuels qui excluent l'idée de «faute» et de «blâme», avec un minimum de recours juridiques pour le règlement des différends ;
4. Un système de paiement qui rembourse intégralement les coûts variables, et qui aligne la marge sur le succès global du projet plutôt que le succès des différents travaux ;
5. L'unanimité, posée comme principe, pour la prise de décision.

### Comment les Alliances Projet fonctionnent-elles?

Dans ce bref guide managérial, nous nous concentrerons sur un aspect spécifique de l'Alliance Projet, la partie qui diffère le plus des modèles de contrats traditionnels - le paiement. C'est le mécanisme clé utilisé pour aligner les

---

[38]Cette liste de facteurs critiques de succès est basée sur une discussion avec Jim Ross, fondateur de PCI Group, et l'un des pionniers de l'utilisation de Project Alliances en Australie.

intérêts commerciaux de tous les membres de l'offre sur la performance du projet global.

Le point de départ est un «coût cible» pour l'ensemble du projet, sur lequel toutes les parties sont d'accord. Cet accord a généralement lieu au cours des étapes de sélection et de négociation.

La définition et l'acceptation d'un coût total prennent un certain temps et les détails dépassent le cadre du présent guide managérial. Parce qu'il n'est pas aussi crucial que le prix dans un contrat à prix fixe, il ne faut pas autant de temps ou d'efforts pour s'entendre. C'est parce que les membres de l'offre ne prennent pas autant de risque sur ce chiffre unique, par rapport à une offre traditionnelle à prix fixe.

Une fois que le coût total du projet, y compris les provisions pour aléas, est convenu entre toutes les parties, il est d'abord attribué nominalement à tous les membres de l'offre, puis divisé en deux éléments principaux: le coût et les rémunérations.

- Le coût signifie toutes les sommes qui passent par les membres de l'offre, soit à leur fournisseur et sous-traitants, soit à leurs employés qui travaillent sur le projet,
- Les rémunérations correspondent aux montants qu'ils prévoient d'obtenir en tant que contribution aux frais généraux et aux bénéfices de l'entreprise.

Chaque membre de l'offre acceptera une valeur nominale en fonction de son rôle nominal dans le projet.[39]Les rémunérations peuvent ensuite être subdivisées en:

- Une *rémunération fixe,*
- *Une rémunération variable,* liée à la performance globale du projet (PAS à la performance du membre de l'offres lui-même).

Bien qu'il y ait toujours des rémunérations variables, des rémunérations fixes peuvent ou non être incluses dans l'accord. Chaque membre de l'offre aura une rémunération variable nominale, soit le montant qu'il recevra si le projet se déroule comme prévu. La rémunération variable réelle payée habituellement à la fin du projet, pourra augmenter ou diminuer en fonction du succès du projet dans son ensemble.

Rémunérations variables réelles = (rémunérations nominales variables) x (un facteur lié à la performance du projet)

Les rémunérations peuvent être négociées dans le cadre du processus de sélection commerciale ou être prédéfinis par le client. Une Alliance Projet au milieu des années 1990, sur laquelle Ian a travaillé, a utilisé les états financiers publiés

---

[39] Nous parlons de leur «rôle nominal» car, une fois que le contrat d'Alliance est en place et que le projet est en cours, celui qui fait telle tâche peut varier en fonction des compétences, de la disponibilité, des coûts ou des critères que l'équipe de gestion de projet souhaite utiliser. Il n'y a aucune incitation financière pour un membre de l'offre à augmenter son chiffre d'affaires, comme il n'y a pas de pénalité s'il est diminué.

des deux partenaires de la supply chain comme base pour calculer les rémunérations fixes et variables. La rémunération variable était proportionnelle au bénéfice d'exploitation et la rémunération fixe était proportionnelle aux frais généraux de l'entreprise.

Nous appelons ce mode de paiement le CFV (Coût, Fixe, Variable), représentant les trois parties du paiement total.

Une fois le projet en cours, chaque membre de l'offre reçoit un paiement régulier (généralement mensuel) pour couvrir :

1. Les coûts encourus, sur la base des valeurs facturées par les fournisseurs et les sous-traitants, et des frais de personnel convenus des employés «directs» qui travaillent sur le projet
2. Une proportion convenue de la rémunération fixe. Par exemple, si le projet était prévu pour une durée de 20 mois, chaque mois, la rémunération pourrait être de 5% de la rémunération fixe totale. Le paiement peut également être lié aux étapes intermédiaires de progrès plutôt qu'au calendrier.
3. A la fin du projet, chaque membre de l'offre reçoit le même multiple de la rémunération variable - généralement entre zéro et deux fois la valeur nominale. La performance qui atteint tous les objectifs de rendement convenus pour le projet reçoit le prix nominal (c'est-à-dire que le multiple est 1).

## Contrats Collaboratifs & Alliances Projet

Les principes derrière la méthode de paiement CFV sont:

- Une fois le projet en cours, la seule façon pour chaque membre de l'offre de faire plus de profit est de s'assurer que le projet entier est couronné de succès, et donc d'augmenter sa rémunération variable réelle payée. Il n'y a aucun autre mécanisme pour qu'ils fassent plus d'argent. Ils peuvent augmenter leur chiffre d'affaires s'ils engagent des coûts pour le compte du projet, mais ils ne peuvent pas augmenter leur marge/bénéfice.
- Le blâme et l'imputation de la faute ne sont pas admis. Tout comme dans les sports d'équipe, il n'y a qu'un seul tableau de score pour l'équipe - nous gagnons tous ou nous perdons tous.
- Les dépenses inutiles réduisent la rentabilité des membres de l'offre, car l'une des mesures de performance liées à la rémunération variable sera le coût total du projet.
- Les fournisseurs ne sont pas pénalisés financièrement lorsqu'ils réduisent le coût de leur part du projet, en fait ils en bénéficient financièrement si la réduction des coûts est dans l'intérêt du projet.
- Le coût doit être le coût réel, sans éléments cachés supplémentaires. Les factures des fournisseurs et des sous-traitants doivent être nettes de tout rabais rétrospectif. Les coûts salariaux du personnel devraient être basés sur le salaire réel plus tout montant lié au salaire, tel que les cotisations, les taxes et les avantages sociaux. Bien qu'il soit avantageux de simplifier la gestion de cette méthode en acceptant des taux arrondis, il est important qu'il

n'y ait pas de contribution indirecte significative[40] cachée dans le taux.

### Un exemple d'utilisation de la tarification CFV dans une Alliance Projet

Étape 1. Le coût total du projet est fixé à 50 millions de dollars (50 M $).

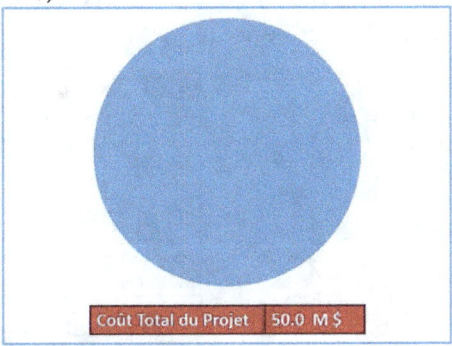

Étape 2. Il y a 4 fournisseurs dans cet exemple d'Alliance Projet (MO 1 à 4 pour <u>m</u>embres de l'<u>o</u>ffre dans les tableaux ci-dessous). Les 50 millions de dollars sont nominalement répartis entre eux, en fonction généralement de leurs domaines d'expertise particuliers. L'allocation est «nominale» parce qu'une fois le projet est en route, ils n'ont pas à livrer ce que comprend cette allocation (bien que ce soit habituellement le cas).

---

[40]Significative signifie que toute possibilité de gagner de la marge en encourant un coût supplémentaire devrait être considérablement inférieure à la redevance variable perdue en raison des dépenses excessives.

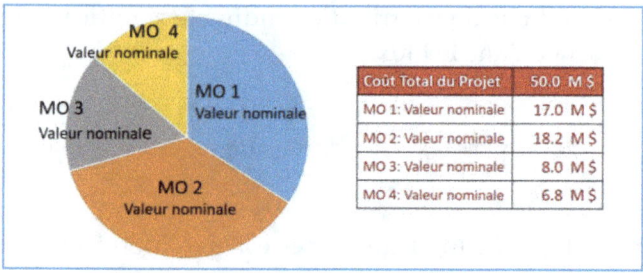

Étape 3. L'allocation nominale est divisée en coûts et rémunérations, totalisant encore 50 M $.

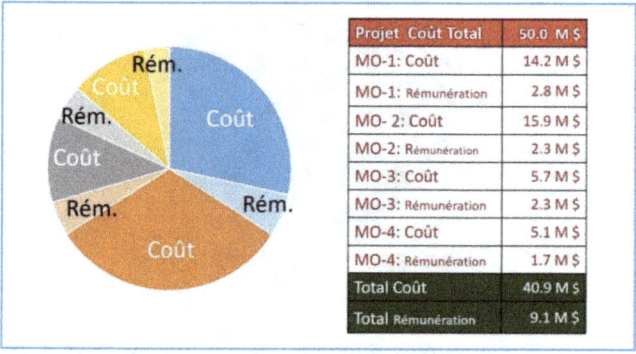

Les rémunérations peuvent être négociées avec le client, ou basées sur des principes communs à tous les membres de l'offre. Notez que le ratio coût/rémunération ne doit pas être le même pour tous les membres de l'offre.

Les rémunérations sont subdivisées en rémunérations fixes et variables. Par souci de simplicité, nous ne les avons pas divisées entre les membres individuellement.

Étape 4. Cela laisse un objectif de coût (excluant les rémunérations) de 40,9 M $

# Contrats Collaboratifs & Alliances Projet

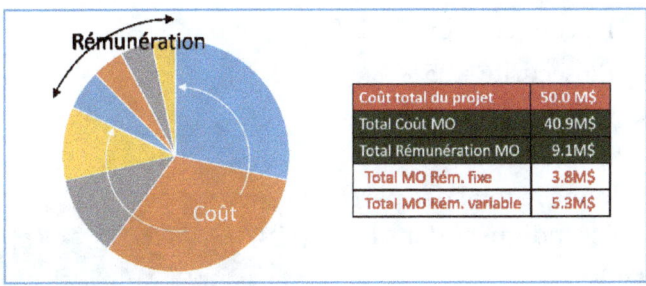

Dans le tableau, la rémunération a été divisée en éléments fixes et variables. La répartition entre les parts fixes et variables est purement indicative. Une répartition typique serait de 30 à 100% pour la part variable, et de 70% à 0% pour la part fixe.

Chaque membre de la chaîne aura ses propres parts fixes et variables définies, et le rapport entre part fixe et variable peut être différent pour chacun des membres.

**Étape 5.** La part variable est ensuite répartie entre un petit nombre de critères de réussite du projet. Habituellement, on emploie de 3 à 7 critères et cela peut inclure le coût du capital, le temps, la qualité/la performance de l'actif une fois fini, les coûts d'exploitation, la sécurité ou même la satisfaction de groupes d'intervenants définis.

Dans cet exemple, supposons que les trois critères suivants soient utilisés : le coût, le temps et la sécurité.
Le client décide que l'importance relative de ces trois critères est:

- Le coût en capital = 25%
- La sécurité = 25%
- Le temps d'achèvement = 50%

Cela donne le total des parts variables indiquées dans le tableau.

| Projet : Coût Total | 50.0 M $ |
|---|---|
| Total MO Coût | 40.9 M $ |
| Total MO Rémunération | 9.1 M $ |
| Total MO Rém. fixe | 3.8 M $ |
| Total MO Rém. Variable | 5.3 M $ |
| Rém. variable - Coût | 1.33 M $ |
| Rém. Variable - Délais | 2.65 M $ |
| Rém. Variable – Sécurité | 1.33 M $ |

Au cours des dernières étapes de la négociation du contrat, les partenaires de l'équipe de l'Alliance conviennent des niveaux de performance qui déclencheront chaque paiement variable. Le principe est qu'une exécution "raisonnable" se traduira par le paiement de la rémunération variable nominale. Une meilleure performance se traduira par une redevance plus élevée, une performance moins bonne par une rémunération plus faible. Les engagements au niveau de la performance peuvent faire partie du processus de sélection entre les compétiteurs.

Dans notre exemple simple, une illustration de la part variable à payer est indiquée dans les graphiques suivants. Dans le contrat, il y aura plus de détails décrivant comment chacun des critères seront mesurés et les paiements calculés.

Nous avons seulement fait apparaître la part variable totale. Chaque fournisseur de l'Alliance aura sa part variable répartie dans la même proportion pour tous les critères de réussite (c.-à-d. 25/25/50 pour le coût, le temps et la sécurité dans cet exemple).

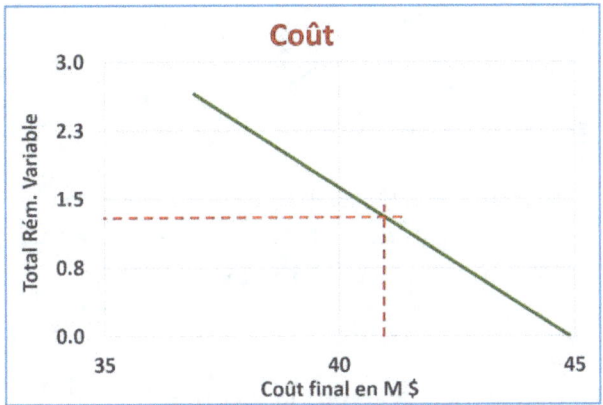

La ligne en pointillés indique que l'atteinte du budget (40,9 M $) déclenchera le paiement de la part variable à hauteur de 1,33 M $.

L'Alliance Projet négociera une base pour le partage des surcoûts et des baisses de dépenses, et s'il y aura des plafonds ou des changements dans la répartition. Ce graphique est basé sur une répartition de 33% pour les membres de la supply chain, soit 67% au client, ce qui signifie qu'une économie de 1 M $ augmentera de 330 000 $ la part variable versée aux membres de l'offre et que le client économisera 667 K $ par rapport au budget.

Les rémunérations en fonction de la date d'achèvement indiquée ci-dessous fonctionnent de la même manière.

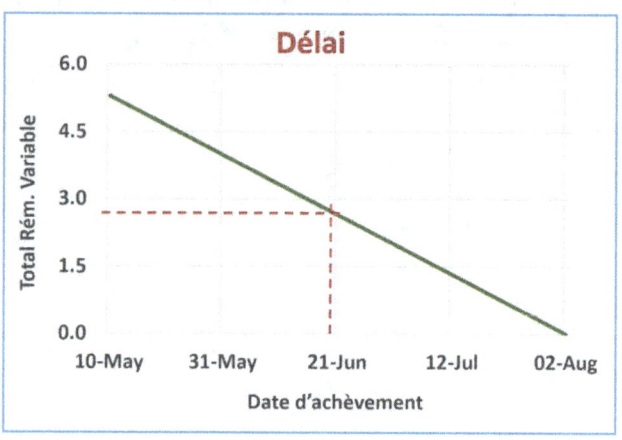

Mais comment mesurez-vous la sécurité?

Il y a des gens qui font valoir que « la sécurité est un dû » et qu'elle ne devrait donc pas faire partie d'un système de rémunération variable. Bien que nous convenions que ce ne soit pas une option, il existe certainement un large éventail d'approches de la gestion de la sécurité, et un éventail de résultats obtenus. Cet exemple est basé sur trois projets où la sécurité a été incluse dans le système de rémunération variable.

Dans le cadre de l'un de ces projets, la sécurité constituait l'élément le plus important du système de rémunérations variables - le client croyait que si la sécurité était vraiment la première priorité de son business :« *nous devrions mettre notre argent là où est notre intérêt, et nos sous-traitants faire de même.*»

Ce projet a mis au point une mesure «Index de Sécurité» qui tient compte de la qualité du programme de sécurité du projet (en reconnaissant les efforts déployés) ainsi que du nombre de blessures graves (définies comme des blessures entraînant plus de 3 jours de temps perdu). Les efforts gagnant des points, les blessures en perdant.

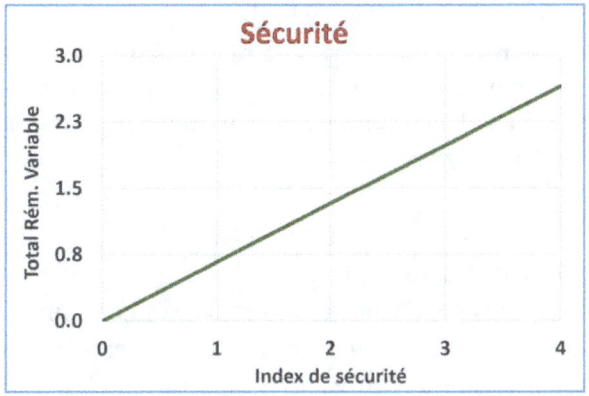

Ainsi, par exemple, un programme de sécurité du site de classe mondiale gagnerait 4 points d'index, alors qu'un programme moyen gagnerait 2 points. Chaque blessure grave perdrait 2 points d'index. Le non-respect du programme de sécurité convenu entraînerait également la perte de points d'indice.

L'exemple ci-dessus montre la structure de base et les principes utilisés pour développer des mesures de performance partagées pour une Alliance Projet. Il existe de nombreuses variantes sur ce thème, et même des préoccupations relativement complexes peuvent généralement être prises en compte.

Les étapes clés sont :

- Etre d'accord sur les résultats importants pour le client du projet
- Décider comment lier les éléments variables de la rémunération à ces résultats
- S'assurer qu'il n'y a pas de mécanisme permettant aux membres de l'offre de gagner quelque chose en se concentrant sur un résultat au détriment des autres.

### Autres éléments des Alliances Projet.

La méthode de paiement n'est pas la seule différence lors de l'utilisation des Alliances Projet - tout ce que fait un système de paiement CFV comme décrit ci-dessus, est de supprimer les obstacles commerciaux à la collaboration.

Nous l'avons décrit en détail car, à notre avis, c'est une condition préalable au succès des Alliances Projet.

Bien qu'il existe des exemples d'équipes de projets collaboratifs qui ont utilisé des méthodes traditionnelles de passation de marchés, les taux de réussite sont beaucoup plus variables.

Si un projet se déroule bien et que les entrepreneurs peuvent réaliser des bénéfices raisonnables en même temps qu'ils collaborent avec le client et d'autres entrepreneurs, les contrats traditionnels peuvent bien fonctionner (même si le projet sera probablement plus coûteux que nécessaire).

Toutefois, si les choses ne se passent pas bien, ou qu'un entrepreneur découvre qu'il a sous-évalué son offre pour obtenir le travail, alors son objectif principal devient l'argent. Et si pour gagner de l'argent il a besoin de renoncer à la collaboration avec l'équipe projet, en bien soit ! L'entrepreneur finira par se battre pour sa survie, et les flux de trésorerie deviendront sa priorité numéro un.

Les incitations financières alignées ne suffisent pas à elles seules à garantir le succès du projet. Elles suppriment toutefois un obstacle majeur. Le gestionnaire du projet devra toujours gérer activement le renforcement de la confiance au niveau de l'équipe et des directions des entreprises impliquées.

Le «modèle en marguerite» présenté ci-après résume les principaux facteurs nécessaires à la réussite d'un contrat relationnel (comme une Alliance Projet).

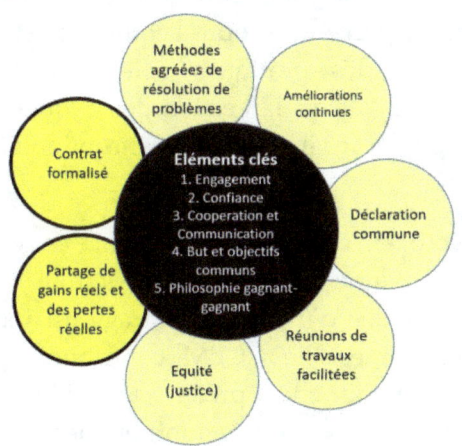

Le modèle de la marguerite du contrat relationnel
D'après Yeung, Chan & Chan, (2012)

Le modèle est décrit dans un article publié dans The International Journal of Project Management (Yeung, Chan et Chan, 2012), où plus de 50 études distinctes et des références sur les contrats relationnels ont été examinés pour essayer d'identifier une définition commune de ce type de contrat. Le document a souligné que, même s'il y avait une certaine variation, il y avait une grande cohérence entre les 50 documents de recherche. Presque tous les cas contenaient les éléments essentiels (au centre de la fleur), ainsi que la part réelle dans le gain/la perte incorporée dans le contrat formel.

Quel que soit le processus utilisé pour établir une équipe de projet collaborative, l'équipe doit encore exploiter le milieu de travail collaboratif en appliquant les bonnes pratiques au projet pour réduire les gaspillages et accélérer le processus. Bon nombre des pratiques à valeur ajoutée que les projets peuvent utiliser sont améliorées dans le cadre d'une Alliance Projet, parce que toute l'équipe y est impliquée. Cela comprend des pratiques telles que l'analyse et l'ingénierie de la valeur, la gestion des risques, le partage de l'information et les modèles de conception et la gestion de la sécurité.

Comme décrit au chapitre précédent, le CCPM doit s'appuyer sur une équipe collaborative pour qu'il fonctionne, et l'idée d'un buffer partagé est incompatible avec des prix fixes. Le CCPM contribue également à construire l'équipe de projet en développant la collaboration dans les activités quotidiennes.

## Contrats Collaboratifs & Alliances Projet

Le partage du statut du buffer à l'aide de la Fever Chart renforce l'idée que toute l'équipe est «dans le même bateau». L'initiative ACTIVE[41] du Royaume-Uni des années 1990 a utilisé cette analogie dans le dessin suivant, pour mettre en évidence l'idée qui se cache derrière la collaboration de l'équipe projet.

Ce qu'il fait particulièrement bien, c'est de souligner le besoin d'aligner les cœurs et les âmes, ainsi qu'aligner les incitations. Les deux hommes à l'extrémité sèche du bateau ont toujours leur mentalité contractuelle traditionnelle de faute et de culpabilité. Sous une Alliance Projet, leurs

---

[41] ACTIVE = Achieving Competitiveness Through Innovation & Value Enhancement (Atteindre la compétitivité grâce à l'innovation et à l'amélioration de la valeur), était une initiative gouvernementale-industrielle visant à améliorer la performance des projets d'investissements lourds dans les industries chimiques et les industries de process du Royaume-Uni à la fin des années 1990. Ian a participé à l'un des projets pilotes et a été membre de plusieurs groupes de travail ACTIVE, impliqués dans l'élaboration de conseils sur les meilleures pratiques.

intérêts sont mieux servis s'ils contribuent à résoudre le problème. Une Alliance Projet devrait engendrer l'esprit des Mousquetaires "Un pour tous, et tous pour un".[42]

Les comptes rendus fréquents et les états de progrès qui caractérisent le CCPM contribuent également à intégrer l'esprit de collaboration. La mise à jour quotidienne des progrès et les brèves réunions d'examen donnent de nombreuses possibilités de leadership pour aller de l'avant. La structure donne la parfaite opportunité aux chefs de projet de démontrer que les comportements traditionnels dans les projets pour détourner le blâme et terminer une tache à la date d'achèvement prévue n'ont aucune pertinence ou importance pour un projet CCPM.

Bien que l'idée de rapports et de réunions de projets plus fréquents ne semble pas d'être une «bonne chose» pour beaucoup d'entre nous, dans le cadre d'un projet CCPM c'est très différent. Puisque la faute et le blâme ne sont pas pertinents, tout l'accent est mis sur l'achèvement, en aidant à tenir des réunions courtes et intéressantes pour toutes les parties prenantes. Elles se concentrent sur « Qu'est-ce qui nous empêche de terminer plus tôt? », et sur « De quelle aide les équipes qui réalisent les tâches ont besoin pour surmonter les obstacles ? ». Beaucoup de projets tiennent des réunions d'avancement debout, en utilisant des affichages visuels ou des supports papier, en veillant à ce qu'elles durent des minutes plutôt que des heures. Les

---

[42] *Un dicton traditionnel confirmant une forte camaraderie d'équipe, rendu célèbre par Alexandre Dumas dans son roman de 1844 «Les Trois Mousquetaires »*

rapports d'avancement effectués directement par les propriétaires de tâches sur le logiciel CCPM, entraînent une mise à jour immédiate du Fever Chart, ce qui rend très facile l'utilisation des informations à la minute pour prendre des décisions de gestion et donner très tôt un avertissement sur l'existence de problèmes potentiels.

Les buffers de coûts et de temps sont également de grands activateurs de collaboration. Parce qu'ils sont la protection partagée de l'équipe contre l'incertitude, ils fournissent une indication simple et visuelle de la façon dont <u>nous</u> nous conduisons contre <u>nos</u> objectifs.

Dans la section suivante, nous discutons de quelques autres méthodes habituelles pour ajouter de la valeur aux projets d'investissements lourds et nous montrons leur compatibilité avec le BPM.

### Le processus de sélection

La sélection des membres de l'Alliance Projet est également significativement différente de l'approche habituelle des offres dans les projets.

Lorsque les candidats sont choisis, nous sommes beaucoup plus intéressés par leur compétence et le fait qu'ils aient à leur disposition les bonnes personnes pour travailler sur le projet que par leur estimation (au doigt mouillé) de combien le projet va coûter. Choisir un entrepreneur principal en fonction d'un prix fixe est comme choisir un footballeur pour une équipe en fonction de ses prétentions sur le nombre de buts qu'il marquera la saison prochaine.[43]

Trop souvent, nous entendons parler d'un processus de sélection utilisé pour rechercher le candidat correspondant au niveau technique requis avec le prix le plus bas, processus par lequel les candidats sont évalués pour voir s'ils respectent un niveau technique minimal, puis le moins cher d'entre eux est choisi. Nous suggérons qu'il vaut mieux prendre des décisions équilibrées et éclairées.

Au football, plus que le prix (salaire et frais de transfert) ce sont des critères tels que la compétence, l'expérience et comment le joueur pourra s'intégrer dans le reste de l'équipe qui importent. Le coût, bien sûr, est pertinent, mais ce n'est pas le principal critère. Il est intéressant de noter que les caractéristiques du footballeur dans cette analogie sont très semblables aux caractéristiques que nous espérons voir dans les membres de notre équipe d'Alliance Projet - compétence, expérience et fit avec l'équipe.

Il est important de souligner ici que le choix d'un membre de l'équipe collaborative principalement sur la compétence ne signifie pas que le processus de passation des marchés n'est pas compétitif.[44]

---

[43] Puisque nous sommes britanniques et australiens, nous avons écrit en anglais britannique, alors notre référence au «football» est ce que les Américains appellent «soccer». Nous pensons que l'analogie fonctionne aussi bien avec le football américain.

[44] Il ne faut pas non plus que vous travaillez avec le même entrepreneur ou la même équipe dans tous vos projets. Alors que les accords-cadres multi-projets jouent un rôle, ils ne sont pas requis

## Contrats Collaboratifs & Alliances Projet

Un bon processus de sélection :

- Est court (réalisable en 4 à 8 semaines),[45]
- Compte plusieurs étapes (liste longue, puis liste moyenne puis liste restreinte),
- Évalue l'organisation sous-jacente, leur management et les personnes qu'ils proposent pour le projet,
- Se concentre sur la capacité du contractant à gérer à la fois son domaine technique spécialisé et aussi plus largement comme membre de l'équipe de projet (l'évaluation de la performance passée récente est un élément clé de l'évaluation),
- Prend place beaucoup plus tôt dans le projet que ce qui est courant aujourd'hui,
- Utilise un processus de critères pondérés pour comparer les propositions,
- Partage les estimations du coût et du temps global du projet avec les soumissionnaires. À la liste restreinte et à la phase de négociation finale, les estimations seront partagées avec un accord sur les objectifs contractuels de coût et de temps,
- Utilise les rémunérations fixes et variables comme principal critère commercial.[46]

---

pour le BPM, ni nécessaires pour adopter une bonne approche. Ils sont au-delà de la portée de ce livre.

[45] Il s'agit de sélectionner, et non de signer un contrat, mais vous aurez convenu des éléments les plus importants du contrat éventuel pendant le processus de sélection.

[46] Etant donné que la valeur de la rémunération est faible par rapport au coût global du projet, il est risqué de prendre en compte avec précision les rémunérations dans le processus de sélection. La capacité est beaucoup plus importante.

Un processus de sélection typique pourrait impliquer:

1. Des soumissions écrites d'une <u>liste longue</u> de soumissionnaires,
2. Un nombre réduit (<u>liste moyenne</u>) sera invité à une deuxième étape, impliquant généralement une présentation de leur proposition et sa discussion avec l'équipe de sélection. Ici, ils seront évalués en fonction de critères tels que la compétence, leurs idées sur la façon de livrer le projet et la capacité des membres clés de l'équipe, avant de produire,
3. Une <u>liste courte</u> (habituellement un ou deux) qui passe aux étapes finales qui peut impliquer des visites des bureaux du candidat et de sites de leurs projets, ainsi que des visites de leurs clients actuels.

L'un d'entre nous (Ian) a utilisé ce processus au milieu des années 1990, lorsqu'un partenaire de l'Alliance Projet a été choisi en quatre semaines, pour un projet de 30 millions de dollars (valeurs 2016) dans l'industrie chimique. L'Alliance avait trois membres, le client, un consultant en ingénierie et

---

Vous pouvez inclure l'objectif de coût dans le cadre de l'évaluation commerciale pour des projets simples où les soumissionnaires ont suffisamment d'intuition et d'expérience pour calculer rapidement un objectif de coûts approximatif. Rappelez-vous que ceci n'est PAS une cotation. C'est un objectif auquel ils sont prêts à lier une partie de leur rémunération variable. Cependant, nous ne recommandons pas de le faire lorsque les soumissionnaires devront consacrer beaucoup de temps à estimer le coût du projet.

un partenaire pour la construction[47]. Le RFP[48] avait une taille inférieure à 4 côtés de feuille A4. 8 offres avaient été reçues, 5 entreprises ont été invitées à faire une présentation et 2 ont été présélectionnées. Les dates des présentations et des visites de sites ont été définies dans l'appel d'offre, ce qui a permis à l'ensemble du processus de prendre moins d'un mois.

## Le Contrat

Nous vous recommandons de commencer avec une feuille de papier vierge, idéalement une feuille de paper-board.

Dans la salle, vous avez les top managers responsables de tous les partenaires de l'Alliance. À ce stade, vous n'avez pas besoin d'un spécialiste du contrat.

L'objectif est de convenir des éléments essentiels du contrat et, en même temps, de commencer à construire l'équipe et de développer la confiance qui sera nécessaire pour réussir le projet.

Un facilitateur indépendant est également une excellente idée, car cela signifie que chaque participant peut se concentrer sur son rôle en tant que membre de l'équipe, plutôt que d'essayer en multitâche, de faciliter la session et d'y contribuer.

---

[47] Le consultant en ingénierie avait déjà été sélectionné et a eu un contrat pour produire la définition initiale. L'Alliance Projet a été créée une fois le partenaire de construction sélectionné
[48] RFP = Request For Proposal = l'appel d'offres

Il y aura plusieurs résultats provenant des sessions du développement de contrat à celles de team building. Nous examinerons simplement le contrat.

L'équipe discutera et acceptera les éléments clés dans une gamme de sujets, y compris l'objectif global et les facteurs de succès critiques, le mécanisme de paiement, les rémunérations fixes et variables, la performance à définir et à mesurer, les risques inclus dans l'Alliance et qui seront retenus par le client, comment le projet global sera géré et comment les différends seront traités. Il est également important que, dans l'atmosphère positive souvent présente au moment du début du projet, l'équipe discute également de ce qui se passera si les choses changent ou ne vont pas.

Les paper-boards seront ensuite rédigés dans un document «Protocole d'accord», rédigé en langage clair, et approuvé par les hauts représentants des membres. Il faudra souvent plusieurs itérations de ce document avant que tout le monde en soit content.

Une fois convenu, les éléments de l'accord sont passés à un rédacteur de contrat pour se transformer en un accord complet. Le propos est de s'assurer que les mots et l'intention sont intégrés dans un document complet et juridiquement sain. Nous recommandons fortement que l'écriture du contrat suive les principes de «contrats plus simples», en utilisant un langage clair et en évitant le jargon juridique. Cela permet de s'assurer que le document final est un «guide utilisateur» pratique pour l'Alliance, plutôt qu'un contrat de type traditionnel qu'on «met au fond d'un tiroir en espérant ne jamais avoir à le relire.»

Ce contrat final peut être soit un contrat sur mesure, soit basé sur un ensemble de modèles de formulaires contractuels. Si un modèle de contrat est utilisé, il est important qu'il soit adapté à une Alliance Projet et à la méthode de paiement CFV.[49] Nous ne vous recommandons pas d'essayer de modifier un formulaire de contrat non collaboratif.[50]

Typiquement, un des spécialistes des contrats d'un des membres de l'Alliance en assurera la rédaction, les autres membres l'examineront et la commenteront.

Tout est maintenant en place.

Les membres de l'équipe du projet ont maintenant un destin commun sur le projet - tout le monde gagne ensemble ou tout le monde perd ensemble.

C'est l'environnement idéal pour exploiter le CCPM pour livrer le projet à temps en moins de temps, et à moindre coût avec des marges de contrat plus élevées.

Les avantages d'une équipe de projet collaborative ne se limitent pas à l'utilisation du CCPM. Étant donné que

---

[49] *Au moment de la rédaction de ce guide, la plupart des modèles communs utilisés dans les projets capex, y compris ceux des familles NEC et FIDIC, ne comprennent pas de variante appropriée pour une Alliance Projet.*

[50] *Ian a fait cela au début des années 2000, lorsqu'un senior manager lui a obligé d'utiliser le standard IChemE Green Book. Il a fallu au moins trois fois plus longtemps, et il était beaucoup plus difficile à lire et à comprendre qu'un contrat sur mesure.*

l'équipe est en place beaucoup plus tôt que d'habitude et que les membres ont tous un intérêt dans le succès du projet, cela permet à d'autres techniques d'amélioration des projets de produire d'excellents résultats.

La prochaine section examine certaines de ces techniques et comment elles s'adaptent en détail au CCPM et à l'Alliance Projet.

# Chapitre 4
# Autres Méthodes de Management de Projet

Le Breakthrough Project Management utilise le CCPM pour planifier et gérer l'avancement du projet, et l'Alliance Projet pour éliminer les obstacles commerciaux au travail d'équipe.

L'équipe du projet collaboratif qui est établie avec ce processus est beaucoup mieux placée pour exploiter un large éventail d'outils et de techniques de gestion de projet que ce le serait autrement.

Cette section décrit quelques-unes des méthodes de gestion de projet les plus connues qui sont très compatibles avec le BPM.

Nous mentionnons également quelques-unes de celles que nous croyons être incompatibles. Cela ne signifie pas nécessairement que les méthodes sont mauvaises - beaucoup sont nettement meilleures que pas de méthode du tout.

Mais de la même manière qu'il est également valable pour un pays de

## Autres Méthodes de Management de Projets

conduire à gauche ou à droite de la route, ce doit être l'un ou l'autre, ou le chaos s'en suivra. Il en est de même avec les principaux piliers du BPM, le CCPM et l'Alliance Projet. Vous ne pouvez pas les mettre en œuvre, tout en conservant vos anciennes pratiques.[51]

### Hautement compatibles

| Méthode | Commentaires |
|---|---|
| Analyse de la valeur & ingénierie | Vous devriez obtenir de meilleurs résultats du processus, parce que les membres de l'équipe sont impliqués plus tôt et qu'il n'y a pas des contre-incitations financières à mettre en évidence des améliorations potentielles. |
| Technologies de collaboration | Les bases de données de projets et les systèmes de partage d'informations sont importants dans les grands projets. Certains projets contractualisés de façon traditionnelle ont des problèmes pour partager les données et pour en assurer la compatibilité entre leurs membres. Les formes standards des contrats sont systématiquement en retard par rapport aux progrès de la technologie. |
| | Une Alliance Projet ne devrait pas rencontrer une telle résistance au partage. Il devrait y avoir une seule source pour «la vérité» et un système |

---

[51] Vous pouvez bien sûr piloter le BPM sur un seul projet, pourvu qu'il soit isolé de l'organisation principale pendant le pilotage. Si vous avez de nombreuses ressources partagées entre plusieurs projets, ce pilotage sur un projet unique sera plus difficile.

| | |
|---|---|
| | unique que tous les membres du projet utilisent. Tous les membres devraient avoir accès à un seul système de gestion de l'information.<br><br>S'il y a des débats, ils seront sur quel système utiliser, et si cela aide vraiment le projet à réussir et à ajouter de la valeur, plutôt que des disputes sur «qui paye? ». |
| Modèles de conception 3D & BIM | Ils sont similaires à ceux ci-dessus. L'utilisation tout du long du projet devrait être beaucoup plus facile dans une Alliance Projet. Avec la gamme des différents systèmes disponibles, la capacité des membres de l'Alliance à utiliser la technologie et à s'intégrer dans un système unique peut parfois faire partie du processus de sélection, même si ce n'est que pour différencier deux soumissionnaires de même capacité. |
| Lean Construction | Le Lean pour la Construction et l'utilisation de méthodes telles que LastPlanner®[52] sont compatibles avec le BPM, en particulier lorsque les méthodes Lean pour la Construction sont utilisées pour réduire la chaîne critique et pour synchroniser les plannings de travaux à court terme.<br><br>Le CCPM ne cherche pas à planifier en détail, de sorte que des méthodes collaboratives de planification à court terme, telles que LastPlanner®, peuvent |

---

[52]LastPlanner® est une méthodologie sous licence du Lean Construction Institute (http://www.leanconstruction.org/training/the-last-planner/)

# Autres Méthodes de Management de Projets

| | |
|---|---|
| | facilement être utilisées sur un projet géré par le CCPM.<br><br>En outre, la mise en place de contrats de collaboration avec les entreprises générales supprime toute tension commerciale susceptible d'entraver la planification quotidienne et la coordination entre les différents entrepreneurs - ils font tous « ensemble» et tout ce qui améliore la synchronisation du site au jour le jour, aide l'Alliance à atteindre l'objectif commun.[53] |
| Les approches Agile et Kanban du Management de Projets | Le CCPM n'essaie pas d'organiser et de gérer des tâches détaillées. Les gestionnaires de tâches sont autorisés à surveiller leur propre charge de travail locale comme ils le souhaitent, pourvu qu'ils suivent les principes du CCPM sur la focalisation, les rapports fréquents et honnêtes et suivent les priorités du CCPM pour les tâches.<br><br>Dans plusieurs environnements, les équipes projet ont utilisé d'autres techniques de planification et d'exécution telles que Visual Project Management[54] et le Kanban au niveau des tâches. Ceux-ci ont été mélangés avec succès à l'aide de la méthode |

---

[53] Contrairement à un projet lean construction dans lequel Ian a été impliqué. Grâce à l'application de la trousse d'outils lean sur le site, l'un des principaux sous-traitants a terminé son travail 6 semaines plus tôt - soit une réduction de près de 20%. Cependant, comme le projet global n'a pas été intégré dans ce processus, cela n'a apporté aucun avantage réel à l'entrepreneur principal ou au client. Ils sont restés sur le plan original.

[54] Pour un aperçu rapide des idées sur le Visual Ptoject Management voir l'eBook de Mark Woeppel', "Visualising Projects", disponible sur http://pinnacle-strategies.com/go/visualizing-projects/

|  |  |
|---|---|
|  | Agile/Kanban pour gérer les tâches quotidiennes détaillées, tout en utilisant le CCPM pour la gestion globale du projet.<br><br>Ces approches ont particulièrement réussi dans les technologies de l'information, et aussi sur les grands projets ponctuels de production et de maintenance. |
| PDRI – Project Definition Rating Index | PDRI est une méthode qui a d'abord été utilisée dans les industries de process pour évaluer la qualité des activités en début de la phase de définition. Cela permet d'éviter de démarrer la construction trop tôt, ce qui entraîne l'abandon de travaux et un risque élevé à l'exécution. Il y a une forte corrélation entre le score PDRI avant le début de la construction et les performances de coût et de délai d'un projet.<br><br>PDRI a été développé par le CII aux États-Unis et des versions existent pour différents types de projets d'investissements lourds.<br><br>Étant donné qu'une équipe de projet collaborative a des incitations alignées sur les objectifs commerciaux du client, elle peut utiliser des techniques telles que PDRI pour améliorer les chances de réussite du projet.<br><br>De plus, les membres de l'Alliance Projet qui n'étaient pas impliqués dans la définition initiale peuvent l'utiliser pour évaluer la qualité du plan et de la conception d'un projet. |

# Autres Méthodes de Management de Projets

| | |
|---|---|
| | La participation précoce des entrepreneurs en phase d'exécution contribue à améliorer la qualité du plan du projet et, par conséquent, le score PDRI. Aucun d'entre eux n'a intérêt à démarrer plus tôt ou à ajouter des modifications ou un retraitement de la conception.<br><br>Le CCPM utilise également le concept de «full-kitting», qui généralise cette idée et réduit l'inefficacité constatée lorsque les tâches sont démarrées trop tôt. |
| Risk Management | Le Risk Management est une méthodologie bien établie pour identifier, réduire et planifier la vaste gamme de risques auxquels sont exposés les projets. Il est mieux conduit avec une équipe multifonctionnelle de grande envergure. Les risques liés aux étapes de la construction sont mieux identifiés, plus tôt et avec l'apport de spécialistes de la construction expérimentés. Une équipe BPM offre exactement un tel environnement |
| Public-Private Partnerships (PPP) Partenariats Public-Privé | Également connus sous le nom de 3P et PFI (Private Finance Initiative). Ce sont des méthodes utilisées dans le secteur public pour financer des infrastructures utilisant des financements privés pour compléter ou remplacer des fonds publics. Le secteur public ou l'utilisateur paie une redevance d'utilisation de l'actif sur une période prolongée.<br><br>3P n'est PAS une méthode de gestion et de livraison de projet; C'est une méthode de financement du projet. |

# Autres Méthodes de Management de Projets

> Nous ne voyons aucune raison pour laquelle un projet 3P ne pourrait pas utiliser les méthodes du BPM, pour livrer le projet plus rapidement et à moindre coût.
>
> Il y a une question de savoir si l'approche 3P pour le financement des investissements dans l'infrastructure fournit un rapport qualité-prix à long terme à l'entité publique qui parraine le projet. Nous ne commenterons pas ce point ici, mais nous croyons qu'un projet 3P qui utilise le BPM pourrait en améliorer le ROI et réduire les risques pour les investisseurs tout en réduisant les subventions, les risques et les retards dans le secteur public.

# Autres Méthodes de Management de Projets

## Méthodes pas trop compatibles

| Méthode | Commentaires |
|---|---|
| Logiciels de Planification Non-CCPM | C'est vouloir mettre une cheville ronde dans un trou carré! |
| | Vous pouvez programmer manuellement les tâches pour y placer les buffers, mais il n'y a pas de calcul de la chaîne critique, pas d'intégration automatique des buffers, ni d'automatisation des rapports. Certains logiciels préconisant d'intégrer CCPM adoptent cette approche et nous ne recommandons pas leur utilisation. |
| | Si le logiciel ne permet pas un simple reporting fréquent par les gestionnaires de tâches[55], ou ne prend pas en charge la gestion des buffers avec des indicateurs d'état de tâche rouge/jaune/vert simples et clairs, nous vous suggérons de trouver un autre système. |
| | Il est possible de créer une vue traditionnelle d'un programme CCPM, pour les cas où un client insiste sur le fait qu'elle soit produite, mais il s'agit d'un travail supplémentaire inutile et cela peut déclencher des interventions |

---

[55] Sous CCPM, les gestionnaires de tâches fournissent une mise à jour régulière de la date ou de l'heure d'achèvement de la tâche prévue et non du % terminé. Ce sera habituellement au moins une fois par semaine, peut-être même quotidiennement sur des projets plus courts. C'est pourquoi il est essentiel que ce soit une chose facile à faire, sinon cela ne deviendra qu'une perte de temps bureaucratique.

# Autres Méthodes de Management de Projets

| | |
|---|---|
| | inutiles de parties prenantes influentes. Si le client insiste, il suffit de la créer, mais assurez-vous qu'elle ne soit utilisée que pour communiquer avec le client et qu'elle ne soit pas utilisée par l'équipe projet. |
| Earned Value (EVM) | Cette méthode est fondamentalement incompatible avec le CCPM. À notre avis, le CCPM fournit une méthode beaucoup plus robuste de gestion des progrès et d'alerte précoce que l'EVM.<br><br>Il est possible de produire des données de progrès EVM à partir d'un planning CCPM, pour les cas où un client insiste pour qu'on les produise, mais ce n'est pas nécessaire, et peut déclencher des interventions inutiles des acteurs influents.<br><br>Gardez à l'esprit que si vous décidez de le faire, vous devrez adapter le calendrier de la chaîne critique afin de tenir compte correctement des buffers[56] et créer une base pour l'EVM. |
| Jalons intermédiaires | Ceux-ci peuvent être pris en compte dans le plan, mais ils ont tendance à distraire plus qu'ils n'aident. La plupart des jalons sont des méthodes du client pour réduire les risques et améliorer les performances.<br><br>En utilisant le CCPM, le BPM offre un meilleur moyen de réduire le risque. Rappelez au client que lorsque vous utilisez le CCPM, l'accent est mis sur |

---

[56] Pour une méthode pour le faire voir le site du livre

# Autres Méthodes de Management de Projets

|  | |
|---|---|
| | l'achèvement du projet dans les délais ou avant, et qu'ils auront une visibilité constante de celui-ci à travers le buffer de projet.<br><br>Comme pour d'autres méthodologies dans cette section, si un client insiste, les étapes intermédiaires peuvent évidemment être intégrées dans le calendrier. Des jalons très importants, par exemple, ceux attachés à un paiement intérimaire, ou ceux liés à d'autres projets, devraient être protégés avec leur propre buffer dans le calendrier CCPM.<br><br>Si vous gérez de très gros projets, nous vous recommandons de diviser le projet en sous-projets plus petits et de les gérer comme un programme multi-projets. La supervision des progrès avec une Fever Chart du portefeuille de projets, plutôt qu'avec de simples jalons, devrait simplement vous y aider.<br><br>Cette approche donne au gestionnaire du programme une alerte précoce sur tout problème du projet, ce que des dates de jalons simples ne vous donneront pas. |
| Contrats à prix fixe | Deux idées fondamentales qui sous-tendent l'Alliance Projet sont « pas de blâme » et des incitations alignées qui sont incompatibles avec l'utilisation de prix fixes. Un prix fixe est utilisé pour allouer le risque et la responsabilité aux parties contractantes. Si quelque chose ne va pas, le contrat exige qu'une partie au contrat prenne le blâme. |

# Autres Méthodes de Management de Projets

| | |
|---|---|
| | Une autre conséquence de l'utilisation de prix fixes est que le projet doit faire l'objet d'une conception assez détaillée pour sélectionner un entrepreneur et contracter à prix fixe. Cette conception est donc effectuée sans aucune contribution des personnes qui sont les experts en exécution et en construction.<br><br>L'Alliance Projet en contraste cherche à choisir les membres de l'Alliance le plus tôt possible, en se fondant d'abord sur leur compétence plutôt que sur le prix. |
| Contrats Cost-plus | Techniquement, la méthode des rémunérations CFV que nous recommandons dans la section 3 est «cost-plus».<br><br>Ce dont nous parlons, c'est la méthode du coût-plus-un-pourcentage du coût.<br><br>Ce type de contrat est incompatible avec le BPM car il récompense et pénalise les mauvais comportements. Si un entrepreneur propose une idée qui permet d'atteindre les objectifs du projet, mais utilise moins de ressources, il réduit ses propres revenus financiers. Dans le même ordre d'idées, s'ils veulent augmenter leur propre rentabilité, la seule voie que ce type de contrat laisse ouverte est d'augmenter les travaux facturables qu'ils font sur le projet et/ou le prix qu'ils paient pour les achats et les sous-contrats.<br><br>L'autre façon de nuire à l'équipe projet, est que cela encourage les membres de l'Alliance à gonfler leur propre rôle au sein du projet. Par exemple, il pourrait |

|   | être intéressant qu'un autre membre accomplisse une tâche spécifique, mais si un membre le soulignait il se nuirait financièrement sous un simple régime de paiement cost-plus. |
|---|---|

# Chapitre 5

# Mise en oeuvre

*« [Si la plupart des organisations avaient mis en place ce qui est connu aujourd'hui] ...*

*...les rares entreprises qui sont en mesure de traduire systématiquement les connaissances en actions ne bénéficieraient pas des avantages compétitifs substantiels qu'elles ont. »*

Jeffery Pfeffer & Robert Sutton, Université de Stanford, dans leur best-seller *"The Knowing-Doing Gap : Comment les entreprises intelligentes transforment les connaissances en action"*

## Attention : le changement a besoin d'être géré

La citation ci-dessus a plus de 15 ans et est issue d'un livre publié juste après que les entreprises du secteur du pétrole et du gaz aient appris quel pourrait être le succès des Alliances Projet, et après qu'une des plus grandes entreprises de construction du Royaume-Uni ait prouvé que le CCPM

## Mise en Oeuvre

pourrait réduire considérablement la durée des projets de construction.

Dans *The Knowing-Doing Gap*, Pfeffer et Sutton montrent que l'échec des organisations à exploiter et à intégrer l'avantage concurrentiel issu de la connaissance qu'ils ont acquise est malheureusement beaucoup plus fréquent qu'on ne le croit.

Leur conclusion principale est que les bonnes idées ne s'imposent pas simplement en étant bonnes. Les entreprises doivent gérer activement le processus, et quelques-unes le font bien.

Dans presque toutes les organisations, la mise en œuvre des idées dans ce livre, tout en étant simple à comprendre, ne sera pas facile. Il faudra plus qu'un courriel du PDG, ou l'envoi de quelques directeurs de projet en formation. Sans le soutien complet et actif de l'équipe de direction, il est peu probable même de décoller.

Cela impliquera de changer les pratiques bien ancrées et de défier les hypothèses largement répandues sur les soi-disant «meilleurs moyens» de faire les choses. Bien que les aspects pratiques de la gestion de ce changement soient au-delà de la portée de ce court livre, nous ne voulions pas vous laisser avec le sentiment que, parce que les concepts peuvent être simples à comprendre, il s'ensuit qu'ils seront faciles à mettre en œuvre.

Cependant, nous ne voulons pas vous décourager non plus! Ils peuvent être mis en œuvre rapidement et fournir des résultats rapidement. Mais il faudra du temps et une planification pour intégrer des changements durables dans n'importe quelle organisation.

Prenons par exemple lorsque j'ai (Ian) travaillé pour la première fois sur une Alliance Projet dans les années 1990. Sur ce projet, personne n'avais jamais travaillé avec une Alliance auparavant. Mais avec un fort désir de le faire, et des conseils et des facilitateurs à temps partiel, ce ne fut pas difficile. Les top-managements des trois membres de l'Alliance ont été pleinement favorables et l'équipe de direction du projet a été autorisée à poursuivre et à mettre en œuvre l'Alliance.

Essayez de piloter les changements sur un seul projet - les résultats seront visibles rapidement et avec une mise en œuvre rapide, les équipes de projet peuvent être opérationnelles en quelques semaines.

La grande décision n'est pas d'exécuter le pilote, car la plupart des organisations peuvent tenir à l'écart un projet pilote pour sa durée. Le moment clé vient une fois que le pilote s'est avéré être satisfaisant. Étant donné qu'il n'est pas durable d'exécuter simultanément deux philosophies de gestion de projet différentes, une fois que vous avez choisi le pilote, vous devriez travailler à son succès et à savoir comment ce changement améliorera la gestion de tous les projets futurs d'investissement.

Pfeffer et Sutton montrent que vous ne pouvez pas compter sur cet unique succès seul intégrer ces pratiques dans votre organisation, comme cela est démontré dans les exemples suivants :

## Mise en Oeuvre

- Même avant que le concept du CCPM ne soit rendu public en 1997, il a été utilisé dans le secteur de la construction au Royaume-Uni. Au début des années 1990, Balfour Beatty ont créé une équipe d'amélioration d'entreprises et, entre 1995 et 1997, ils ont essayé le CCPM sur quatre projets. Tous ont été un succès et un projet qui a utilisé CCPM du début à la fin a livré un projet qui devait prendre deux ans en moins d'un an, en maintenant la marge de l'entrepreneur, en dépit d un certain nombre de changements.. L'équipe d'amélioration de Balfour Beatty's Business a rendu publics ces résultats dans le public, en affirmant que le CCPM était un grand succès. Cependant, une fois que l'équipe responsable du succès a été démantelée, les membres sont retournés travailler pour les responsables de projets qui préféraient gérer les projets à leur manière. Ils n'étaient soumis à aucune pression pour changer, alors ils ne l'ont pas fait. Tant qu'ils produisaient les résultats attendus (même non optimaux), le conseil d'administration était content. Étant donné que le cours de l'action avait augmente de façon constante au début des années 2000, il n'y avait pas « d'incendie à éteindre» et rien n'a changé.

- Dans l'industrie minière, l'un des majors mondiaux a connu un grand succès en utilisant le CCPM pour une nouvelle installation de production. Cependant, ce projet n'était pas sur le radar du conseil d'administration, et les changements chez les cadres supérieurs signifiaient que la connaissance était perdue, et malheureusement, la même organisation a eu du mal à développer de nouvelles installations aussi rapidement et moins cher que ses concurrents.

- La même histoire peut être racontée avec l'Alliance Projet. Malgré son succès indéniable dans les industries du pétrole, du gaz et de l'industrie du Royaume-Uni dans les années 1990, l'Alliance Projet n'est pas devenu la norme. Bien qu'elle ait été utilisée par quelques individus tout au long de leur carrière des années auparavant, au moment où le prix du pétrole s'est écrasé à la fin de 2014, l'industrie du pétrole et du gaz a oublié les leçons apprises au Royaume-Uni quelque 20 ans auparavant. Toute une génération de top managers ne savait pas que leurs prédécesseurs avaient développé et réalisé de très bons résultats avec l'Alliance Projet.

- Même en Australie, après la mise en œuvre réussie d'Alliances sur de nombreux projets, des intervenants puissants ont fait pression pour revenir à des formes plus traditionnelles de sélection et de passation de marchés. La nécessité de "blâmer", et la conviction que les offres à prix fixe sont des prédicteurs précis des coûts de production, sont bien vivantes.

Nous mettons en évidence ces points, non pas pour vous dissuader, mais pour vous encourager à prendre au sérieux les changements. Le point clé est que de bonnes idées ne s'imposent pas toujours parce qu'elles sont bonnes. Il faut des efforts délibérés.

Ce guide n'est qu'un pas su ce chemin. Notre objectif était de mettre en évidence pourquoi les changements sont nécessaires et de montrer comment vous pouvez réaliser

## Mise en Oeuvre

une amélioration significative et durable de la performance de vos projets.

Si vous souhaitez implémenter le BPM, nous vous suggérons de traiter au moins les éléments suivants dans votre programme de changement.

- Commencez avec un pilote pour que vous-même et votre organisation prennent confiance dans la méthode. Pas un projet trop facile, ni un projet géré par votre meilleure équipe.
- Utilisez un personnel spécialisé en interne (ou obtenez une assistance externe) pour soutenir les premiers pilotes et vous assurer de bien appliquer à la fois le CCPM et l'Alliance Projet
- Isolez le pilote de la façon de gérer habituelle de gérer votre entreprise, par exemple en ne demandant pas qu'ils produisent vos rapports de gestion standard
- Obtenez la participation du conseil d'administration - idéalement avant de commencer. Donnez-leur une formation de sensibilisation afin qu'ils puissent soutenir le pilote. Rendez compte des progrès. Donnez de la visibilité au pilote.
- Une fois que vous avez suffisamment obtenu de preuves du pilote, planifiez le déploiement comme un projet de changement interne majeur.
- Faites-en sorte que le changement devienne holistique. Afin d'avoir un impact décisif, vous devrez impliquer tous les domaines fonctionnels de l'entreprise - des RH aux Ventes, du Marketing au Juridique, de la Formation à la Qualité.

## Mise en oeuvre

- Lorsque votre entreprise adopte le BPM, une capacité supplémentaire significative est généralement dégagée, car vous devriez fournir les mêmes projets avec moins de ressources. Que ferez-vous avec ça? Avez-vous besoin de ventes supplémentaires pour l'exploiter? Pouvez-vous trouver d'autres travaux à faire pour vos personnels? Vous devez aussi vous assurer que le personnel ne craint pas d'être en trop.

### N'oubliez pas l'équipe

Le BPM repose sur l'équipe du projet qui travaille comme une équipe collaborative. Le CCPM et l'Alliance Projet supprimeront les contraintes de la collaboration entre entreprises et fourniront à l'équipe une méthode de planification et d'exécution qui intègre et exploite la collaboration.

Cependant, l'équipe exigera toujours un leadership actif pour s'assurer que les comportements adéquats et la culture adéquate sont intégrés par l'équipe projet. Et autant que de leadership, les membres de l'équipe projet ont tous besoin du désir et de la capacité à suivre, (NDT : le « followership») et d'être de véritables membres de l'équipe, par opposition aux fournisseurs qui suivent des commandes[57]. Cette caractéristique devrait être incluse dans les critères utilisés pour sélectionner les partenaires de l'Alliance.

---

[57] Il existe plusieurs livres sur le sujet du «followership» - voir par exemple «*The Courageous Follower: Standing Up To and For Your Leaders*» par Ira Chaleff

## Mise en Oeuvre

Diriger et travailler dans l'équipe de projet n'a pas été un sujet majeur de ce livre, mais cela ne signifie pas que ce n'est pas important.

Les projets ne prennent pas longtemps à développer une culture et un environnement adéquats, et établir la culture adéquate nécessite d'impliquer tous les membres de l'équipe projet, indépendamment du type de leurs contrats. Ce n'est pas quelque chose qui est limitée aux membres de l'Alliance Projet. Les étapes structurées de la construction d'une équipe sont généralement beaucoup plus productives grâce à la facilitation d'un spécialiste, bien que la plupart des projets puissent gérer la socialisation en équipe sans trop d'aide. Elles sont importantes et devraient être intégrés dans la stratégie d'exécution du projet et son budget.

### Exemples de mise en œuvre

Dans la dernière section ci-dessous, nous décrivons comment le BPM pourrait être mis en œuvre dans trois environnements différents, le client, les entreprises générales et les sous-traitants spécialisés.

### L'investisseur / le client

Pour le client, le problème principal est le manque de fournisseurs et d'entrepreneurs pouvant intervenir dans les projets de la manière que nous décrivons. Ce n'est pas aussi simple que d'ajouter simplement le CCPM et l'Alliance Projet dans vos documents d'appel d'offres.

## Mise en oeuvre

Afin d'exploiter le BPM et de réaliser l'augmentation significative du retour sur investissement possible, les clients devront changer la façon dont ils gèrent les projets et la manière dont ils achètent les services des spécialistes du projet. Ils doivent également changer la façon dont les entrepreneurs gèrent leurs propres affaires.

Si le client est prêt à rester « aux commandes », il peut employer des spécialistes de l'équipe projet directement sur une base remboursable, en les payant au temps passé (la journée) et utiliser le CCPM pour planifier et gérer l'exécution. C'est la principale route que les clients de type capex ont utilisé lors de la mise en œuvre du CCPM dans le passé.

Le BPM vous offre une autre option. Vous pouvez encourager les entrepreneurs et les fournisseurs à conclure une Alliance Projet pour livrer votre projet et leur demander d'utiliser le CCPM dans le processus.

Cela nécessite une approche légèrement différente pour sélectionner votre équipe projet ; il faudra une communication de présélection avec les fournisseurs et les entrepreneurs potentiels pour qu'ils partagent vos idées. Vous devrez utiliser des méthodes de développement fournisseurs et du Reverse Marketing[58] autant pour la sélection que l'évaluation des fournisseurs.

---

[58] Le Reverse Marketing vise à persuader de manière proactive les fournisseurs d'offrir des biens / services qu'ils ne fournissent pas actuellem. Voir Reverse Marketing: The New Buyer-supplier Relationship, par Leenders & Blenhorn, Macmillan USA, 1987

## Mise en Oeuvre

L'Alliance Projet sera probablement plus familière que le CCPM à de nombreux entrepreneurs, et ils seront généralement prêts à travailler dans le cadre d'une Alliance Projet. Le CCPM peut nécessiter un peu de persuasion. Il ne faut pas non plus en faire une pierre d'achoppement, mais chacun aura besoin de réflexion et de préparation pour assurer de donner à votre projet les meilleures chances de réussite. Cela commence par choisir les partenaires de la supply chain les plus actifs et les plus compétents.

Si vous choisissez un seul entrepreneur principal plutôt que de mettre en place une alliance multipartite, il est important que l'entrepreneur principal accepte de mettre en œuvre le BPM pour sa supply chain. Cela ne fonctionne que si les gaspillages sont retirés du projet et puisque la plupart des entreprises générales sous-traitent 70 à 80% du travail, leurs principaux sous-traitants devront également être intégrés.

En règle générale, une pré-rencontre avec les soumissionnaires intéressés, expliquant les idées d'une Alliance Projet et du CCPM suffira pour qu'ils soient très intéressés lorsqu'ils recevront votre appel d'offres. Bien sûr, cette appel d' offres et le processus de sélection devront être basés Sur les idées de ce livre.

Au cours de l'exécution, vous devrez également vous assurer que les entrepreneurs mettent en œuvre correctement le BPM, et nous vous recommandons de mettre à la disposition de l'équipe projet des formations, des encadrements et des facilités. Tout coût supplémentaire pour l'établissement du BPM dans votre projet sera plus que compensé par la réduction du coût du contrôle des projets (en particulier le contrôle des coûts) par rapport à un projet traditionnel.

Si vous êtes une organisation du secteur privé, nous vous suggérons de commencer par une discussion avec vos fournisseurs existants. Vous avez seulement besoin que l'un d'entre eux vous donne un go et vous serez lancé. Vous n'avez pas besoin de promettre un engagement à long terme étant donné qu'une Alliance Projet offre des avantages à toutes les parties sur un projet unique, et que vos entrepreneurs sélectionnés bénéficieront de leçons précieuses en travaillant avec vous de cette façon. Ils développeront une expertise et un savoir-faire qui pourraient distinguer leur entreprise de leur concurrence autant que cela vous distingue.

### Un exemple chiffré

Nous avons simulé un projet de construction spéculatif de 100 millions de livres sterling (100 M £), financé par une dette portant intérêt, avec un bénéfice prévu sur une période de 13 ans de 50 M £ (3 ans de construction, 10 ans de ventes et loyers). Selon le plan, le capital et les intérêts sont remboursés au début de l'année 10, plus de 6 ans après l'achèvement.

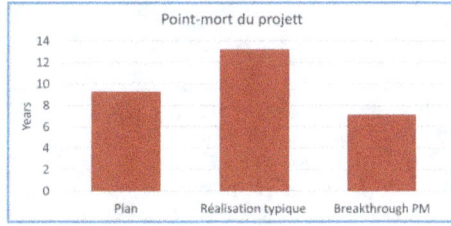

Si ce projet simulé, comme la plupart des projets, est en retard et au-dessus du budget, le profit

## Mise en Oeuvre

tombe à zéro. Le capital et les intérêts sont finalement remboursés en année 14.

Toutefois, si le projet suit les recommandations de ce livre:

- Le projet réalise un bénéfice de 89 millions de dollars sur les 13 années - presque le double du plan. Ce bénéfice, s'il est laissé dans l'entreprise, paiera un projet supplémentaire sans avoir besoin de financement externe. C'est comme aller au supermarché - _acheter un bâtiment, et en obtenir un autre gratis_ ![59]
- La dette et les intérêts sont remboursés au début de l'année. Si le développeur dispose d'un crédit limité, cela équivaut à la capacité d'augmenter le portefeuille de développement de 25 à 35%, avec les mêmes prêts et les mêmes ressources
- Et ces chiffres ne tiennent même pas compte de la valeur de la mise sur le marché avant votre concurrence[60] ou de la vente de votre produit à un prix élevé en raison d'une réalisation antérieure, ce qui peut être d'une grande importance pour vos clients.

---

[59] Dans les supermarchés, l'appellation "buy one, get on free" est connue sous l'acronyme BOGOF. Nous avons inventé le BOBGAF (Buy One Building Get Another Free).

[60] L'un des principaux domaines qui a utilisé le CCPM depuis son introduction dans les années 1990 a été le développement de produits nouveaux, là où les opportunités de marché pour les nouvelles technologies changent très rapidement.

# Mise en oeuvre

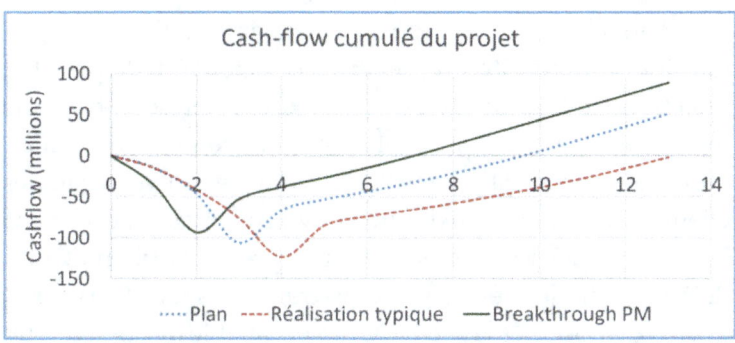

Tous les clients n'investissent pas afin de créer des revenus futurs. Certains doivent investir, par exemple pour remplacer des actifs vieillissants, ou en raison de changements réglementaires. Parce que les projets BPM sont plus courts, cela peut permettre de lancer ce type de projets plus tard, en utilisant des ressources et des liquidités pour effectuer des travaux d'amélioration dans l'intervalle.

## L'entrepreneur principal

Même si le client ne demande pas d'utiliser le CCPM, ou une Alliance Projet, le BPM peut être utilisé par un entrepreneur principal[61] pour mettre en place sa propre équipe projet et pour améliorer considérablement la rentabilité des contrats traditionnels.

L'entrepreneur principal pourrait <u>piloter l'idée sur 'un contrat existant</u>, avec un risque relativement faible. Le

---

[61] Nous ne nous préoccuperons pas des différences subtiles entre «entrepreneur principal», «entrepreneur général», etc. Pour nos besoins, ils sont tous les mêmes - le client contracte avec eux pour faire le projet (ou la plus grande part).

## Mise en Oeuvre

projet idéal serait celui où le client est relativement peu impliqué et laisse l'entrepreneur principal gérer le projet et sélectionner la plupart des fournisseurs et sous-traitants lui-même. Ce sera probablement un contrat forfaitaire, parce que souvent avec d'autres formes de contrat, les clients veulent de la visibilité et avoir leur mot à dire dans la sélection des fournisseurs. L'entrepreneur principal aura déjà identifié lequel de ses sous-traitants spécialisés serait le plus disposé à essayer le CCPM et capable de conclure un contrat en utilisant une Alliance Projet. L'équipe serait sélectionnée au début et s'engagerait sur les objectifs de coûts et de délais, en fonction du contrat principal déjà signé, et développerait le calendrier CCPM à partir de là. Idéalement, l'équipe provisoire de l'Alliance Projet aura déjà donné son accord à l'offre de l'entrepreneur principal, et elle aura déjà une bonne compréhension du projet et de ses objectifs. Il appartiendra à l'équipe de le mettre en action et d'exploiter davantage l'équipe de projet collaborative.

Les avantages stratégiques, cependant, ne sont obtenus que lorsque la méthode est déployée dans l'ensemble de l'entreprise.

Après avoir terminé un projet réussi avant la date d'échéance et avec plus de bénéfices qu'avec une approche traditionnelle, l'entrepreneur principal aura maintenant confiance dans la méthode, et en particulier qu'il pourra livrer des contrats plus rapidement et à moindre coût qu'il ne l'avait fait auparavant.

L entrepreneur principal est maintenant capable

- de souscrire à des dommages-intérêts ou à des pénalités de retard beaucoup plus élevés que ses concurrents, ce qui réduit la concurrence sur les offres où le temps est important pour le client. Il pourrait même encourager les clients à inclure des dommages/pénalités supérieurs à la normale dans l'appel d'offres pour effrayer les «soumissionnaires suicides[62]», ce qui garantit plus de travail à des prix normaux ou supérieurs,

- d'augmenter son volume d'affaires, sans prendre plus de personnel ou de frais généraux (n'oubliez pas que la livraison de projets dans 75% du temps traditionnel signifie que les mêmes ressources peuvent faire 33% de plus de travail, sans être surchargées). Beaucoup de sociétés de construction s'inquiètent aussi d'une croissance trop rapide parce que cela signifie de nouvelles équipes projet, et un risque plus élevé parce que vous ne savez pas à quel point les nouveaux intervenants sont bons. Le BPM donne un moyen de croître sans prendre ce risque,

- de réduire leurs prix de soumissions lors de l'appel d'offres, confiant en ce que ses coûts de livraison liés au temps seront plus faibles. Cela signifie que les coûts d'enchère inférieurs génèrent encore plus de bénéfices pour l'entrepreneur principal et pour leur supply chain que dans le régime traditionnel.

---

[62]L'offre suicide offre un prix tellement bas que la marge brute est très faible, voire négative. Le soumissionnaire souhaite simplement que le chiffre d'affaires tente de sauver son entreprise, et seulement après avoir gagné, ils s'inquiètent de la façon de livrer le projet et de faire un profit.

# Mise en Oeuvre

## Exemple chiffré

Si nous prenons un entrepreneur, avec une marge brute de 20%, des frais généraux de 16% et un bénéfice net de 4%, alors:

- augmenter son chiffre d'affaires de 33%, sans augmenter ses frais généraux et ses coûts d'exploitation, augmenterait le bénéfice net de 2,7 fois ( à 11% du produit des ventes);
- cela suppose qu'il peut gagner des marchés au même prix qu'aujourd'hui. Même s'il devait réduire les prix sur les nouvelles affaires de 10% pour garantir cette augmentation de volume, le bénéfice net serait encore 83% plus élevé (à 8 % du produit des ventes).

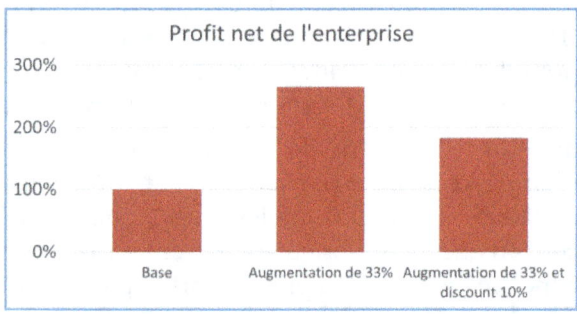

Avec des références prouvées pour appeler à adopter les vertus de l'utilisation du BPM, l'entrepreneur principal est également le mieux placé pour gagner plus d'affaires, même lorsque le client joue un rôle plus actif.

## Mise en oeuvre

### Le sous-traitant spécialiste

Les spécialistes qui sous-traitent une partie majeure de leur travail, par exemple, les services de construction, les travaux de génie civil et les MEP (mécanique-électricité-plomberie) peuvent bénéficier du BPM de la même manière que les entreprises générales ; ils peuvent faire une offre à prix fixe traditionnelle, en sachant que leur supply chain peut fournir plus rapidement et à moindre coût, tout en générant des profits plus élevés.

Les avantages d'une livraison plus rapide sont plus limités pour le sous-traitant spécialisé. Si le contractant principal n'utilise pas le CCPM ou le BPM, il est peu probable qu'il (ou leur client) utilise(nt) le fait que le spécialiste achève ses travaux plus tôt. Pire, l'entrepreneur principal peut délibérément ralentir l'avancement de l'équipe sur site et exiger que le sous-traitant soit sur place plus longtemps que nécessaire.

Un autre problème important est que l'entrepreneur principal et d'autres sous-traitants peuvent créer des pressions sur les tâches multiples et commencer les tâches trop tôt, juste pour paraître occupés, et dans la croyance erronée que «plus tôt vous commencez, plus tôt vous finissez». Les interférences d'autres entrepreneurs travaillant sur le projet sont un autre problème, en particulier lorsque chacun a un contrat indépendant.

## Mise en Oeuvre

Le spécialiste peut réduire les coûts généraux des projets (préliminaires)[63], offrir plus de travail avec les mêmes ressources, en particulier si une partie importante de leur travail est éloignée de l'équipe principale du projet, ou au moins est relativement indépendante. Cependant la plupart des avantages viendra de la mise en œuvre du CCPM, plutôt que de l'Alliance Projet.

L'opportunité principale pour de nombreux sous-traitants spécialisés est d'élargir leur champ de travail dans la gestion globale du projet et de devenir une entreprise générale. De nombreuses entreprises générales ont leurs racines dans un commerce spécifique. Beaucoup ont un passé dans le génie civil et ont gravi les échelons vers un rôle d'entreprise générale simplement parce qu'ils étaient les premiers à intervenir sur le site, et donc les premiers à être sélectionnés par le client.

Développer de l'expérience et un savoir-faire dans les méthodes du BPM peut ouvrir de nouvelles portes et de nouvelles opportunités; là où - au moins à court terme - il y a beaucoup moins de concurrence. Ce qui nous amène à ...

### L'Alliance des sous-traitants spécialistes

Une piste intéressante que les sous-traitants spécialisés pourraient également envisager est de travailler ensemble

---

[63] Les préliminaires sont un terme utilisé dans le secteur de la construction pour désigner les frais généraux du projet, comme l'e choix du site et de l'équipe de gestion de projet.

## Mise en oeuvre

avec d'autres spécialistes non concurrents, pour former une entreprise générale virtuelle».

Ce groupe crée une Alliance Projet formée au préalable et émet des offres de contrats de projets en concurrence avec des entreprises générales. Cela pourrait être formalisé sous la forme d'une co-entreprise (joint-venture- JV) ou d'une société, chaque spécialiste en étant un actionnaire, et une structure en joint-venture JV basée sur les principes de l'Alliance Projet. Autrement, l'organisation peut être moins formelle, et un membre peut agir en tant que principale entité adjudicatrice au nom du groupe, et il sous-traite immédiatement l'ensemble du projet aux partenaires dans le cadre d'une Alliance Projet.

Quelle que soit la manière dont elle est configurée, le facteur le plus important est la façon dont l'équipe fonctionne, plutôt que sa structure juridique. Cela fonctionnera comme une Alliance Projet mais sans «client».

La capacité à s'auto-coordonner et à établir la confiance entre l'équipe permet au groupe de réaliser des projets sans le coût additionnel d'une couche de gestion supplémentaire entre le spécialiste et le client final. Et bien sûr, ils peuvent utiliser le CCPM pour livrer le projet (et plus encore) de manière fiable.

Un exemple de cette idée est une organisation américaine appelée Integrated Project Delivery (http://ipdfl.net).

Integrated Project Delivery a été formée par cinq partenaires dans le domaine de la construction; Un architecte, un entrepreneur général, un spécialiste mécanique, un spécialiste en électricité et un spécialiste du chauffage et de la ventilation. Ils ont formé une entité juridique pour soumissionner pour des projets entiers sur une base de conception et de construction, en travaillant ensemble en utilisant les principes de l'Alliance Projet et des contrats collaboratifs.

Donc, si vous êtes un sous-traitant, frustré d'être traité comme une marchandise par les entreprises générales, que vous ne croyez pas même envisager d'utiliser une innovation comme le BPM, pourquoi ne pas se réunir avec d'autres spécialistes partageant les mêmes idées et envisager de se passer d'intermédiaire ?

## Note de fin

Nous avons commencé ce livre, avec une citation attribuée à Einstein ...

*« Nous ne pouvons pas résoudre nos problèmes avec la même façon de penser que celle que nous avons utilisée lorsque nous les avons créés»*

Au cours des pages précédentes, nous avons souligné pourquoi nous pensons que les projets d'investissements lourds ont des problèmes et nous avons partagé la façon dont nous croyons que ces problèmes peuvent être surmontés, avec des réflexions différentes et des méthodes différentes.

Nous espérons que les connaissances partagées dans ce livre vous aideront à réaliser des améliorations significatives et nous attendons votre retour d'expérience.

Si vous souhaitez en savoir plus sur le Breakthrough Project Management (BPM), accédez aux informations supplémentaires et rejoindre notre communauté d'agents du changement, visitez notre site:

www.breakthroughprojectmanagement.com

Nous avons hâte de vous y retrouver.

# Bibliographie & Références

Il existe une grande quantité de ressources disponibles qui appuient les idées et les méthodologies présentées dans ce livre. Ici, nous en présentons un choix restreint pour aider les lecteurs intéressés à aborder plus en détail les sujets.

Ces livres, journaux, sites Web et articles sont un excellent endroit pour en savoir plus sur le CCPM, les Contrats Collaboratifs, les Alliances Projet et le travail d'équipe et nous espérons que vous les trouverez pleins d'intérêt et d'informations.

# Bibliographie & Références

## Critical Chain Project Management (CCPM)

| Auteur | Année | Titre & Détails |
|---|---|---|
| **Goldratt, EM** | 1997 | *Critical Chain* <br> North River Press <br> Traduit en français sous le même titre |
| **Kendal, G & Austin, K** | 2012 | *Advanced Multi-Project Management* <br> J Ross Publishing |
| **Kishira, Y** | 2009 | *Wa: Transformation Management by Harmony.* <br> North River Press |
| **Leach, L** | 2014 | *Critical Chain Project Management*, Third Edition <br> Artech House |
| **Newbold, R** | 2011 | *Billion Dollar Solution:* Secrets of ProChain Project Management. <br> ProChain Solutions Inc |

## Alliances Projet & Partenariat Commercial

| Auteur | Année | Titre & Détails |
|---|---|---|
| **American Institute of Architects** | 2007 | *Integrated Project Delivery: A Guide* <br> http://www.aia.org/contractdocs/aias077630 |
| **CII** | 1996 | *Model for Partnering Excellence*, Research Summary 102-1. The Construction Industry Institute, University of Texas at Austin |
| **CRINE** | 1994 | *The CRINE Report*: Cost Reduction Initiative for the New Era. LOGIC, Oil & Gas UK |

## Bibliographie & Références

| | | |
|---|---|---|
| **Government of Australia** | 2011 | *National Alliance Contracting Guidelines*[64]<br>https://infrastructure.gov.au/infrastructure/ngpd/files/National_Guide_to_Alliance_Contracting.pdf |
| **Jones, D** | 2012 | *Relationship Contracting*<br>Chapter 3 in *The Projects and Construction Review*, 2nd Edition, Editor Júlio César Bueno, Law Business Research Ltd, London. |
| **Ross, J** | 2003 | *Introduction to Project Alliancing (on engineering & construction projects)*. April 2003 update. PCI Group, Australia.<br>http://www.pcigroup.com.au/publications_pci/ |
| State of Victoria | 2009 | *In Pursuit of Additional Value*. A benchmarking study into alliancing in the Australian Public Sector.<br>http://www.dtf.vic.gov.au/Publications/Infrastructure-Delivery-publications/In-pursuit-of-additional-value |
| Vitasek, K, & Manrodt, K | 2012 | *The Vested Way*<br>Palgrave Macmillan |
| Yeung, Chan & Chan | 2012 | *Defining relational contracting from the Wittgenstein family-resemblance philosophy*<br>International Journal of Project Management, February 2012 |

---

[64] I existe certains aspects de la mise en œuvre de l'Alliance Projet en Australie avec lesquelles nous ne sommes pas entièrement d'accord, et elle est structurée pour répondre aux exigences du secteur public

## Bibliographie & Références

### Management de Projets CapEx

| Auteur | Année | Titre & Détails |
|---|---|---|
| **AT Kearney** | 2012 | *ExCap II: Top Level Thinking on Capital Projects*<br>www.atkearney.com |
| **CRINE** | 1994 | *The CRINE Report*: Cost Reduction Initiative for the New Era.<br>LOGIC, Oil & Gas UK |
| **Egan J. et al** | 1998 | *Rethinking Construction*: Report of the Construction Task Force ("The Egan Report")<br>HMSO, London |
| **EY (Ernst & Young)** | 2014 | *Spotlight on oil and gas megaprojects*<br>www.ey.com |
| **KPMG** | 2013 | *Avoiding Major Project Failure – Turning Black Swans White*<br>www.kpmg.com |
| **Latham M. et al** | 1994 | *Constructing the Team* ("The Latham Report")<br>HMSO, London |
| **Lean Construction Institute** | 2014 | *Construction Productivity in Decline*<br>http://www.leanconstruction.org/media/docs/PEJune14_Construction.pdf |
| **McKinsey** | 2013 | *Infrastructure productivity: how to save $1 trillion a year*<br>www.mckinsey.com/mgi |
| **McKinsey** | 2015 | *The construction productivity imperative.*<br>http://www.mckinsey.com/industries/infrastructure/our-insights/the-construction-productivity-imperative |

# Bibliographie & Références

## Collaboration & Travail en équipe

| Auteur | Année | Titre & Détails |
|---|---|---|
| **Braton, W & Tumin, Z** | 2012 | *Collaborate or Perish* <br> Crown Business, a division of Random House. |
| **Collins, J** | 2001 | *Good to Great* <br> Random House Business |
| **Hefferman M** | 2014 | *A Bigger Prize:* Why no one wins unless everybody wins. <br> Simon & Schuster UK. |
| **Lencioni, P** | 2002 | *The Five Dysfunctions of a Team* <br> John Wiley & Sons |
| **Pfeffer, J & Sutton, R** | 1999 | *The Knowing-Doing Gap: How Smart Companies Turn Knowledge into Action* <br> Harvard Business Review Press |
| **Sawyer, K** | 2007 | *Group Genius:* The Creative Power of Collaboration. <br> Basic Books, New York |

## Les Auteurs

Ian et Robert ont plus de 50 ans d'expérience sur les projets, en travaillant pour des consultants, des entrepreneurs et des clients.

En tant que diplômés en génie civil, ils ont tous deux commencé leur carrière en travaillant sur des projets; Robert avec un grands entrepreneurs en construction, et Ian, côté client, avec une compagnies chimiques.

Leur expérience de conseil comprend les travaux de grands acteurs tels que PWC, ainsi que des spécialistes de niche dont Proudfoot / Crosby, REL / Hackett, PMMS / ArcBlue, Newport et Pinnacle Strategies.

Dans les années 1990, ils ont rencontré le CCPM, et ils ont vu son potentiel pour améliorer les performances de projets d'investissements lourds. Leurs carrières les ont ensuite conduits à quitter l'industrie, et ils ont été intrigués par la raison pour laquelle CCPM n'avait pas gagné l'importance qu'elle méritait.

L'idée initiale d'écrire ce livre est venue à l'été 2014, alors qu'ils discutaient des faibles niveaux d'utilisation du CCPM dans les projets d'investissement lourds - à 30 000 pieds, sur un vol de Washington à Dubaï.

## Les Auteurs

### Ian Heptinstall
ian@BreakthroughProjectManagement.com

Au début de sa carrière, Ian a géré des projets dans les industries de processus au Royaume-Uni, en France et en Belgique, puis ensuite en tant que coach et conseil en gestion de projets.

À la fin des années 1990, il a joué un rôle de premier plan dans un projet primé qui a été l'un des premiers à appliquer les principes de l'Alliance Projet développés dans l'initiative CRINE de l'industrie du pétrole et du gaz, et à des projets plus petits en dehors du secteur du pétrole et du gaz.

Vers 2000, il a migré dans un marché mondial d'achats dans l'industrie pharmaceutique, et plus tard dans la décennie, est devenu Chief Procurement Officer (Directeur en Chef des Achats) pour une société de construction britannique avant de passer au conseil à temps plein en 2011.

En tant que consultant, Ian voyage fréquemment avec des clients du monde entier, du Japon aux États-Unis et plus largement au Moyen-Orient, en Afrique et en Europe.

Ian est ingénieur en mécanique qualifié et membre (Fellow) du Chartered Institute of Procurement and Supply. Il vit au Royaume-Uni et en Suisse.

## Les Auteurs

### Robert Bolton
robert@BreakthroughProjectManagement.com

Après avoir obtenu son diplôme en génie civil, Robert a débuté sa carrière dans l'industrie de la construction. Il a géré de grands projets d'investissement dans les secteurs civil, de la construction et de l'exploitation minière en Australie.

Il a poursuivi ses travaux en tant que conseil dans le domaine des projets complexes, avec une vaste expérience dans les secteurs des mines et des marchés de capitaux, en plus d'améliorations commerciales et manufacturières plus générales.

Il est un pionnier de la gestion de projet de chaîne critique (CCPM), ayant participé à sa conception et son développement précoce dans les années 1990.

Plus récemment, il a participé à un important projet de sauvetage dans le pétrole et le gaz, en travaillant dans les bureaux de clients à Singapour, en Malaisie et en Chine.

À l'instar d'Ian, il travaille en tant que consultant avec des clients à travers le monde afin d'accélérer leurs projets et les processus de leurs affaires.

Robert à un MBA d'Ashridge et vit en Australie.

www.ingramcontent.com/pod-product-compliance
Lightning Source LLC
Chambersburg PA
CBHW050539300426
44113CB00012B/2184